JN275693

素数入門

計算しながら理解できる

芹沢正三 著

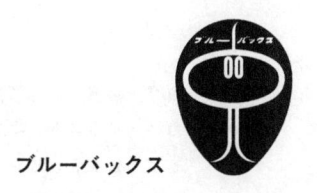

ブルーバックス

カバー装幀／芦澤泰偉事務所
カバーイラスト／牛尾　篤
本文・目次デザイン／WORKS（丸田早智子）

はじめに——素数とは

1と自分自身以外に約数がない1以外の正整数を**素数**という。

例えば，76213は1と76213以外の数では割り切れないから素数である。94113は10457で割り切れるから素数ではない。

素数の定義はこのように簡単である。そこで，この本はこの1ページでおしまいになりそうだ。このほかに，何かいうことがあるのか。

しかし鋭い読者方は，すでに上の数行からも，
「76213に1と76213以外の約数がないことが，どうしてわかるのか」
「94113の約数の10457はどのようにして見つけたのか」
などの疑問が頭に浮かんでくると思う。

このような，素数についてのいろいろの問題をやさしく解説し，読者方の興味を引き出していこうというのがこの小さな本の目的である。素数は整数の一部だから，素数入門は初等整数論入門でもある。ただの面白いお話ではなく，素数が実質的に読者方の身に付くように書いた。

物理学や生物学とちがって，数学関係の話題が新聞雑誌に載ることは少ないのだが，それでもときどきは取り上げられる。素数や，最近では暗号に関連した話が多い。フェルマーの最終定理の証明が発表された頃は，紙面が賑やかであった。

「数学7大難問。正解に100万ドル」（2000.5.25）

というのがあった。しかし，次の記事には驚いた。

「アメリカで素数に特許」（1995.8.28）
《英紙『デーリー・テレグラフ』によると，このほど米国で2つの素数に特許が与えられた。今後この2つの素数を無断で使用することは許されず，知的所有権をどこまで保護すべきかの論議が起きそうだ。……》

「数学の新解法に特許認められる」（1996.2.14）
《米国電話会社が開発した，生産現場などで材料や人員の最適配分を求めるのに利用する「線形計画法」という数学の新解法が，日本でも特許と認められた。……》

恐ろしい時代になってきたものである。

どの数学の本にも名前がでてくるカール・フリードリヒ・ガウス（Karl Friedrich Gauss：1777～1855年）は，数学史上で最高クラスに属する数学者で，彼自身も当時の人から，「数学の帝王」と呼ばれていたのだが，このガウスは，

「数学は科学の女王で，整数論は数学の女王である」

といった。有名な言葉である。

整数論は，昔から，現実世界との関連や他の科学への応用があまりなく，浮世の仕事にも役に立たない数学といわれてきた。孤高の数学といえよう。

「女王は，他には奉仕しない」

しかし，理論そのものの美しさに魅せられて，応用など考えずにこれを学ぶのはたいへん楽しい。

　ところが最近は事情がちょっと変わってきて，暗号などという生臭いものに応用されて表舞台に立つこともある。ガウスが知ったらおそらく嘆くであろう。

　数学の本を読むときはいつもそうだが，いくらやさしく書いてあっても，なるべく紙とエンピツと（初等整数論ならば）電卓を手元に置いて，理論や計算を確かめ考えながら読んでいただきたい。特に初等整数論では，実際に自分で数値計算をしてみることによって，その面白さ・不思議さがよくわかってくる。

　法政大学名誉教授・安藤四郎氏は，この本の原稿を通読して，多くの有益な注意をくださった。深い感謝の言葉を述べる。またこの本の執筆を勧めてくださったブルーバックス出版部部長・柳田和哉氏，たくさん書き直しをして手数をかけた担当の小沢久氏にも謝意を表する。

2002.10.1

芹沢正三

計算手段について

大阪大学教授の山本芳彦氏は,「実験数学」ということを提唱している [Ya]．それによれば，計算と数学の関係には，次の2つの方向があるという．

1. **数学実験**：実例を計算して，数学の理解を深める．
2. **実験数学**：実例をとおして結果を予想し，証明を考える．

新しい結果を予想して証明するなどはとても難しい．これを実行するには，たくさんの計算をしなければならない．ガウスは紙とエンピツでやったのだが，現代人には電卓やパソコンはもちろん，Mathematica や Maple なども必須であろう．

この本は，上の説明では1の数学実験に属するかも知れない．計算手段としては（ちょっと無理だが）電卓程度でも実験できるようにした．

「壮大な理論を小さな数値で矮小化している」と非難する方もいるが，筋道はきちんと押さえたつもりである．

もちろん，電卓には限界があるから，典型的ないくつかの場合を計算したあとは，巻末の詳しい数表を積極的に利用していただきたい．また，自分でパソコンのプログラムが書ける方や数式処理ソフトが使える方は，それも使ってもっと大きな数値について研究することをすすめる．特にプログラム言語 UBASIC は強力である．また，数式処理電卓TI-92も役に立つ．

目 次　　　　　　　　　　　　　　　　　　Contents

はじめに——素数とは …………… 5

第1章　整数の生い立ち …………… 12
- 1-1　自然数 …………… 12
- 1-2　整数 …………… 22
- 1-3　除算アルゴリズム …………… 30
- 1-4　位取り記数法 …………… 35
- 1-5　応用：天秤のパズル …………… 41
- 　　　練習問題 1 …………… 45

第2章　整数の周辺 …………… 48
- 2-1　分数 …………… 48
- 2-2　分数から小数へ …………… 50
- 2-3　小数から分数へ —— 連分数 …………… 59
- 2-4　分数のまとめ …………… 65
- 　　　練習問題 2 …………… 67

第3章　最大公約数 …………… 70
- 3-1　倍数と約数 …………… 70
- 3-2　最大公約数 …………… 81
- 3-3　ユークリッドの互除法 …………… 83
- 3-4　互除法の応用 …………… 94
- 3-5　いろいろな定理 …………… 98
- 　　　練習問題 3 …………… 103

目 次

第4章 素数 …………… 106
- 4-1 素数．この玄妙なるもの …………… 106
- 4-2 素数表を作る …………… 108
- 4-3 素数表には終わりがあるか …………… 116
- 4-4 素数の分布 …………… 121
- 4-5 素因数分解 —— 基本定理 …………… 124
- 4-6 基本定理の応用 …………… 128
- 4-7 素因数分解の仕方 …………… 131
- 練習問題 4 …………… 134

第5章 整数の合同 …………… 136
- 5-1 ガウス …………… 136
- 5-2 整数の合同 …………… 140
- 5-3 合同式の性質 …………… 145
- 5-4 ベキ乗の計算 …………… 154
- 5-5 剰余類 …………… 158
- 練習問題 5 …………… 164

第6章 いろいろな方程式 …………… 166
- 6-1 1次合同方程式 …………… 166
- 6-2 連立合同方程式 …………… 170
- 6-3 不定方程式 …………… 174
- 6-4 ピタゴラス方程式 …………… 180
- 6-5 バビロニアの数学 …………… 183
- 練習問題 6 …………… 186

第7章 整数論で使われる関数 …………… 188
- 7-1 実数の整数部分 …………… 188
- 7-2 乗法的関数 …………… 190

Contents

- 7-3 約数の個数と総和 …………… 194
- 7-4 オイラーの関数 …………… 197
- 7-5 メービウスの関数 …………… 204
- 練習問題 7 …………… 210

第8章 素数のいろいろ …………… 212

- 8-1 メルセンヌ素数 …………… 212
- 8-2 完全数 …………… 218
- 8-3 フェルマー …………… 221
- 8-4 フェルマー素数 …………… 224
- 8-5 ゴールドバッハ予想 …………… 226
- 8-6 双子素数 …………… 227
- 練習問題 8 …………… 229

第9章 フェルマーの小定理・原始根 …………… 230

- 9-1 フェルマーの小定理 …………… 230
- 9-2 カーマイケル数 …………… 238
- 9-3 位数 …………… 242
- 9-4 原始根と指数 …………… 251
- 9-5 指数の応用 …………… 258
- 9-6 再び循環小数 …………… 259
- 9-7 再びフェルマー数とメルセンヌ数 …………… 261
- 9-8 整数論と暗号 …………… 263
- 練習問題 9 …………… 269

解答 …………… 272
素数表 …………… 281
素数の最小正原始根 …………… 284
位数表 …………… 286
指数表 …………… 288
整数論的関数 …………… 290
メルセンヌ素数 …………… 291
参考文献 …………… 292
さくいん …………… 294

第1章 整数の生い立ち

初等整数論はもちろん整数を研究するのだから,まず,整数の生い立ちを知らなければならない。学校にあがる前の子供に,親は1, 2, 3, 4, 5, ……のような数を使った数え方を教える。

これがすべての数のはじまりで,自然数という。

1-1 自然数

自然数

自然数という言葉は,英語の natural number,ドイツ語の Natürliche Zahl の訳語である。

$$1, 2, 3, \cdots\cdots, 10, 11, 12, \cdots\cdots, 100, 101, 102, \cdots\cdots$$

のような数のことで,すべての数とすべての数学の基礎である。自然数の基礎には立ち入らない [Iy]。

さて,自然数とはその名前のように,自然に得られたものなのだろうか。よく考えてみると,われわれがふだん自然数を使うのは,

　　　ヒトの2人　　　　お金の2円　　　　紙の2枚

のような具体的なものを数えたり,何番目という順序を指示するときで,まったく抽象的なただの「2」に出あうことは,算数の教科書以外にはないことに気がつく。また,

　　　2人足す3人は5人　　　2円足す3円は5円

などの計算はするけれども,抽象的な,

$$2+3=5$$

にも，算数の時間以外に出あうことはない。

バートランド・ラッセルは，数理哲学のやさしい入門書[Ru]の中で，

「まことに，人類が，3人のヒト，3匹の獣，3尾の魚などから抽象して『3』という数を獲得するまでには，何千年もの年月を要したに違いない」

といっている。

この意味では，算数の教科書の中の1つの数式，

$$2+3=5$$

バートランド・ラッセル (1872年〜1970年)

イギリスの哲学者・数学者・論理学者である。

数理哲学や記号論理学の研究によって，早くから有名であった。第1次世界大戦のときには，非戦論を唱えたためか，母校ケンブリッジ大学の講師の職を追われた。

以後も政治・文化にも及ぶ広範な評論活動を行い，第2次世界大戦後の1957年にアインシュタインと共に第1回パグウォッシュ会議（国際科学者会議）を開いた。

1950年にノーベル文学賞を受賞。

無限に関連して数学成立の基礎を研究する分野を数学基礎論という。これも数学である。いくつかの立場があるが，ラッセルは，論理学のみによって数学の体系を構成しようとした。**論理主義**という。

にも，全人類の数理的な知恵と全宇宙の数理真理が凝縮されていることを思うべきである。

自然数の計算

足し算（加算・加法ともいう）・引き算（減算・減法）・掛け算（乗算・乗法）・割り算（除算・除法）を**四則計算**という。

加　算

2つの自然数の和はまた自然数になる。つまり，加算をしている限り，自然数の集合の外には飛び出さず，その中だけで仕事がすむ。硬い言葉だが，

「自然数の集合は加算について**閉じている（closed）**」

自然数の加算は算数の基本中の基本で，小学校に入ってすぐに習う。ところで，

$$1+4+6+2+9+5+7+6+7+3+2+5+8+5+9+5$$

は，どのように計算するか。はじめのうちは順に，

$$1+4=5,\ 5+6=11,\ 11+2=13$$

のように式の順に計算するだろうが，いろいろとやっているうちに，

1と9，4と6，7と3，5と5

のような，足して10になるものをまとめて先に計算した方が早い，ということに気がつくだろう。

足してちょうど10になる数を拾い出して，斜線で消して

から紙に10と記録し，残った数の中から足して10になる数を拾い出し，斜線で消してから紙に10と記録する。これを続けて最後に，記録しておいた10たちと，残った数を全部加えればよい。答えは84である。

つまり，ほとんど意識せずに，加える順序を変え，組み合わせも変えて計算した。このことは，
・加える2つの数の順序を変えてもよい
・加える3つ以上の数を勝手に組み合わせを変えてもよい
ということを使っている。

加算の2つの法則

この2つの規則（もちろんこれだけではないが）は数学の各所に現れるので，いかめしい名前が付いている。

任意の自然数 a, b, c に対する

加算の交換法則： $a+b=b+a$

加算の結合法則： $a+(b+c)=(a+b)+c$

ふだん何気なくやっている計算も，丁寧に見ていけば，いたるところで上の法則を使っていることがわかる。ちょっとくどいようだが，調べてみよう。例えば，

$$27+95$$

は，普通はあっさりと次のように計算するのだが，

```
      27
  +)  95
      12
      11
     122
```

これを詳しく分析してみると，

$$(20+7)+(90+5)$$
$$=20+(7+(90+5)) \quad \text{結合法則：（ ）の付け替え}$$
$$=20+((90+5)+7) \quad \text{交換法則：順序を交換する}$$
$$=20+(90+(5+7)) \quad \text{結合法則：（ ）の付け替え}$$
$$=\cdots\cdots\cdots\cdots$$

ここまで書いてみたが，あと数十ステップが続きそうだ。(実は，加算と乗算の分配法則も必要だが) もう止めよう。とにかく無意識の中で上の2つの法則を使っていることを理解していただきたい。

●問 上のような分析を，あと数ステップ続けてみよ。

減　算

子供に引き算の問題を作ってやるときにはちょっと注意がいる。

$$45-37 \quad 92-15$$

などはよいが，うっかり，

$$33-74 \quad 67-67$$

と書くと，最初の問題では，
「小さい数から大きな数は引けない」
と答えるだろう。なかには，塾ででも習ったのか，-41 と答える子もいるかもしれないが，本当にわかっているのかどうか。あとの問題には，
「同じ数を引いたら，なくなってしまって，答えはない」

あるいは,
「答えは0」
と言うかも知れない。

　自然数のシステムには0を入れておいた方が都合がよいこともある。ラッセルは前記の本の中で,
「現代の教養ある人は,自然数を0から始める」
と言っているが,教養とは関係なさそうだ。0は特殊な数で,言うべきことはたくさんあるが,あまりにも有名な[Yo1]にゆずる。

　a がどんな数であっても,

$$a+0=a, \quad 0+a=a, \quad a-a=0, \quad a-0=a$$

であることは記憶せよ。

　さて,自然数だけでは上のように小さい数から大きい数は引けない。引けないときにはどうするか。
（1）そういう不届きな問題はやらないことにして,そこで止めてしまう。
（2）減算がいつもできるように,新しい数を作る。

　われわれは(2)の道を進み,自然数を拡張して「整数」というシステムを作るのだが,それは次節の話である。その前に,自然数の重要な性質を復習しておく。

数学的帰納法

　自然数は,1からはじめて次々と1を加えてできた数の全体である。いくら大きな数を唱えても,いつかはそれに到達し,それを超える。終点はない。

　数学では,自然数全体について成り立つと言われる性質

が非常に多い。例えば,

(A) n がどんな自然数であっても,

$$1+2+\cdots\cdots+n=\frac{n(n+1)}{2} \qquad (1)$$

はよく知られている。もう少し高級な,

(B) n がどんな自然数であっても,

$$1^3+2^3+\cdots\cdots+n^3=\left(\frac{n(n+1)}{2}\right)^2 \qquad (2)$$

というのもある。また,

(C) $n≧2$ を自然数とすれば,任意の $x>0$ に対して

$$(1+x)^n>1+xn \qquad (3)$$

が成り立つ。

というのもあった。

有限の生命しかない人間が,無限個もある自然数全体に対して成り立つといわれる性質をどうやって証明するのか。絶望ではないか。

(B) をやってみよう。

まず,$n=1$ と置くと,左辺は 1,右辺も 1 で等しい。

●**蛇足** (2) の左辺で $n=1$ と置くとき,

$$1^3+2^3+\cdots\cdots+1^3=1^3+2^3+1^3=10$$

などとせぬように。

$n=2$ と置けば,左辺は $1+8=9$。右辺も $3^2=9$ で,等しい。うまくいった。次に $n=3$ だと,左辺は 1^3+2^3+

$3^3=36$。右辺は $\left(\dfrac{3\cdot 4}{2}\right)^2=36$ で等しい。うまくいった。$n=100$ を試してみる。$n=1000$ を試してみる。みんなうまくいった。しかし、まだ先がある。

普通だったら10000くらいまで行けばもう確実だといって終わりにする。しかし数学ではだめ。これについて有名な例がある［St］。ちょっと寄り道になるが。

1，4，9，16，25，……のように、ある自然数の2乗になっている数を平方数という。問題は、

自然数 y をうまく選んで、

$$1+1141y^2$$

を平方数にできるか、つまり、

$$1+1141y^2=\square^2$$

のような y があるか、
というのである。□には、ある自然数が入る。

$y=1000000$（100万）まで（もちろんコンピュータで）調べても、そういう y は存在しなかった。100万の100万倍（＝1兆）まで調べてもだめ。1兆の1兆倍（何と呼ぶのだろう）まで調べてもだめ。もうこれで決まったと皆が思った。数学者も思った。ところが驚いたことに、ある26桁の数 y が条件にパスすることがわかったのである。しかも、こういう y は無限にあるという。

こんなわけで、ある定理がすべての自然数について成り立つことを証明するなど、普通に考えたら絶望に思われる。しかし、この無限という深い淵を飛び越える方法がある。これが**数学的帰納法**（Mathematical Induction）と

いう方法である。数学的帰納法は自然数の性質というよりも、数学的帰納法が使えるシステムが自然数そのものなのである。

手 順

先の(B)

$$1^3 + 2^3 + \cdots\cdots + n^3 = \left(\frac{n(n+1)}{2}\right)^2$$

を例とする。左辺は n の式だから $f(n)$ と置く。すべての n に対して、

$$f(n) = \left(\frac{n(n+1)}{2}\right)^2 \qquad (*)$$

が成り立つことを証明したい。

第1段：$n=1$ の場合には、両辺とも1になるから、$(*)$ は正しい。

第2段：k を2以上の自然数として、$n=k-1$ のとき $(*)$ が正しいことが証明できたと仮定する。つまり、

$$f(k-1) = 1^3 + 2^3 + \cdots\cdots + (k-1)^3 = \left(\frac{(k-1)k}{2}\right)^2 \quad (1)$$

が成り立つとする。この仮定のもとで、n が k のときも正しいこと、つまり次の式、

$$f(k) = 1^3 + 2^3 + \cdots\cdots + (k-1)^3 + k^3 = \left(\frac{k(k+1)}{2}\right)^2 \quad (2)$$

が正しいことを証明する。

(1)と(2)を比較して、(2)の左辺に(1)を代入すれば、

$$f(k)=f(k-1)+k^3=\left(\frac{(k-1)k}{2}\right)^2+k^3$$

右辺の計算から容易に，

$$=\left(\frac{k(k+1)}{2}\right)^2$$

が得られ，(*)が$n=k$のときも正しいことを示す．

そこで，次のように考える．

第1段で，$n=1$のとき(*)が正しいのだから，第2段の証明を$k=1$のときに当てはめれば（実際に当てはめてみなくてもよい），$n=2$のときも(*)は正しいことがわかる．

同じように考えて，$n=3$のときも正しい．

これを続けていけば，どんなnにも到達できるのだから，すべてのnに対しても(*)が正しいことがわかった．

別の形

上の第2段を，

第2段：kを2以上の自然数として，$n=k-1$までのすべてのnについて(*)が正しいと仮定して，この仮定のもとで$n=k$のときも正しいことを証明する．

としても，まったく同じである．

初学の方のために

第2段：kを任意の自然数として，$n=k$のとき(*)が正しいことが証明できたと仮定して，この仮定のもとで$n=k+1$のときも正しいことを証明する．

と説明する本が多い．もちろんこれでよいのだが，いくつ

かやってみればわかるように，
「$n=k-1$ のときを仮定して $n=k$ の場合を証明する」
方式にしておいた方が，結論の式がそのまま現れて，ずっと計算しやすい。

乗　算

自然数の集合は，p.14での言葉を流用すれば，
「乗算について閉じている」
加算と同様な次の法則，
任意の自然数 a, b, c に対する，
乗算の交換法則：　　　　　$ab=ba$
乗算の結合法則：　　　$a(bc)=(ab)c$
加算乗算の分配法則：$a(b+c)=ab+ac$
が成り立つことだけを注意しておく。

1-2 整　数

整　数

「初等整数論」というのだから，整数の研究が主なテーマである。より進んだ整数論では，もっと広い「代数的整数」というのを使う。このときは，普通の整数を**有理整数**という。別の本を読んでいて有理整数という言葉に出あったら，それは普通の整数のことだと思ってもらいたい。この本では代数的整数は出てこないので，ただ整数という。

自然数の全体は一応まとまったシステムであるが，減算が自由にはできないという点で，たいへん不便である。買い物などだったら，お金が足りなければ借金をするので，

第1章●整数の生い立ち

借金に相当する数を作らなければならない。

そこで，引き算ができないならば，引き算がいつもできるように数のシステムを拡張する。こうして整数ができた。

自然数をもとにして整数のシステムを厳密な方法で作ることもできるのだが，詳細は [Iy]，[Ad1] にゆずる。

先ず，0を整数の仲間に入れる。それから，

0より1つだけ小さい数を作って，これを-1とする。

-1より1つだけ小さい数を作って，これを-2とする。

-2より1つだけ小さい数を作って，これを-3とする。

……　　　　……　　　　……

このような操作を限りなく続けて得られる数全体を**整数**と呼ぶ。この説明は不完全であることは承知しているが，もう整数の実態はよく知られているのだから，細かい議論は止めて，上の説明で済まそう。

整数は，

$\cdots -100, \cdots, -10, \cdots, -2, -1, 0, 1, 2, \cdots, 10, \cdots, 100, \cdots$

のような数で，両方向に限りなく続く。左にある数ほど小さく，右へ行くほど大きくなるように1列に数が並んでいる。

整数の集合は加・減・乗の計算の対象であるばかりではなく，大小の構造も入っている。大きさの順にずっと1列に並んでいるので，**全順序**というのだが，

任意の整数 a，b，c についての，

推移律：$a \leq b$，$b \leq c$ ならば $a \leq c$

あるいは，

$a < b$，$b < c$ ならば $a < c$

が基本（これが成り立たないシステムがあとで出てくる）。

集合の記号

以下の記号は数学全体で使われ，ほぼ万国共通であるから，覚えておくとよい：

N あるいは $\mathbb{N}$：(Natural number)：自然数全体の集合

Z あるいは $\mathbb{Z}$：(ganze Zahl)：整数全体の集合

Q あるいは $\mathbb{Q}$：(Quotient)：有理数全体の集合

R あるいは $\mathbb{R}$：(Real number)：実数全体の集合

C あるいは $\mathbb{C}$：(Complex number)：複素数全体の集合

$\mathbb{N}$, $\mathbb{Z}$, $\mathbb{Q}$, $\mathbb{R}$, $\mathbb{C}$ などは二重文字といって，紙に書くときには太字よりも書きやすい。次も使われる場合があるが，普遍的ではないようだ。

Z_+：正の整数全体の集合　Z_-：負の整数全体の集合

Q_+：正の有理数全体の集合　Q_-：負の有理数全体の集合

R_+：正の実数全体の集合　$\mathbb{R}_-$：負の実数全体の集合

群というもの

整数の計算で，零（0）は特別の働きをする。どんな数に加えても，どんな数から引いても，もとの数には何の変化もない。任意の整数 a に対して，

$$a+0=a,\ 0+a=a,\ a-0=a$$

何の働きもしないのならなくてもよいのではないか。そうはいかない。0がないと，

$$123\quad 1023\quad 12003\quad 1002000300$$

などの区別ができない。

まとめておく。整数に限らず，数のある集合を G とする。

第1章 整数の生い立ち

> **群の公理**
>
> 数のある集合 G は,加算 $a+b$ について閉じていて,次の4つの規則が成り立つ。
>
> a, b, c は G の任意の数とする。
>
> **G1. 交換法則**:$a+b=b+a$
> **G2. 結合法則**:$a+(b+c)=(a+b)+c$
> **G3.** 特別な数**零** 0 があって,$a+0=0+a=a$
> **G4.** a の**反数** $-a$ があって,$a+(-a)=(-a)+a=0$

このとき,
「G は加算 (+) に関して群をなす」
という。**G1** を満たすので,ていねいには**可換群**あるいは**アーベル群**というのだが,この本では可換群だけを扱うので,これを簡単に群ということにする。アーベルは若くして亡くなったノルウェイの優れた数学者の名前である。

例 整数全体の集合 Z は加算について群である。

例 3の倍数である整数全体は,加算について群になる。これを,

$$3Z = \{\cdots\cdots, -9, -6, -3, 0, 3, 6, 9, \cdots\cdots\}$$

と書く。

群は英語では group という。余談だが,私が学生の頃はドイツ数学全盛の時代で,特に代数学の必読書といわれている本はほとんどドイツ語であった。だから,グループというような優しい言葉ではなくて,噛み付くようにグルッペ (Gruppe) といったものだ。

数学で「群」というときには，数のただの群れ（集まり）ではなくて，上のような条件に満足しているものの集まりである。烏合の衆ではなくて，連絡網を持った集まりだ。わざわざ名前を付けたのは，これと似た構造を持つシステムがたくさんあるので，まとめて議論をした方が考えの節約になる。実例はだんだんと出てくる。

整数の加算と減算はこれで終わったことにして，乗算と除算に移る。

乗 算

aとbの積の記号

$$ab, \ a \cdot b, \ a \times b$$

などは，その場に応じて使い分ける。

アーベル (1802年〜1829年)

ノルウェイの牧師の息子として生まれた。19歳のとき，「5次以上の一般の代数方程式は四則と根号によって解くことができない」ことを証明した。つまり，2次方程式の根の公式のようなものは存在しない。

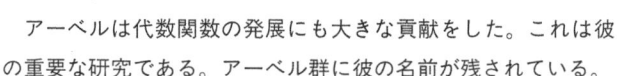

アーベルは代数関数の発展にも大きな貢献をした。これは彼の重要な研究である。アーベル群に彼の名前が残されている。

彼は貧困の中，26歳で死んだが，その数日後に，ベルリン大学の教授に任命するという知らせがあった。

第1章●整数の生い立ち

　正負の整数の乗算はよく知っていると思うので何も説明しないが、気をつける点を1つ。
「なぜ $(-1)\times(-1)=(+1)$ か」
　みなさんも、中学生の頃に経験しているように、負数の計算については、いろいろな具体例を使った説明が考えられていて、もうすっかり納得していると思う。
　しかし、いつまでもスッキリしないのは、
　　（マイナス）×（マイナス）＝（プラス）
　　（マイナス）÷（マイナス）＝（プラス）
ではないだろうか。覚えてしまって、この通り計算してきた方も多いだろうが、小さい子供に理由を聞かれて、わからせるように答えられるだろうか。
　いろいろな心理的な説明が工夫されているが、数学として筋が通っているのは、次のような説明であろう。
　まず、
（1）　$(-1)+1=0$
（2）　-1 に加えて 0 となるのは 1 だけ
（3）　a がどんな整数でも $a\times 0=0$, $a\times 1=a$
（4）　a, b, c がどんな整数でも、
　　　　　$a(b+c)=ab+ac$ （分配法則）
などを認めてもらう。
　証明をするには、その根拠1が必要であるが、
「根拠1の根拠2はどうか」
と言われたら、それを証明するのにまた別の根拠3が要る。どこまで遡ってもきりがない。そこで、
「これは、説明なしに正しいと認めてもらう」
という前提が必要である。以下の議論では、上の（1），

(2), (3), (4)を正しいと認めてもらう。

まず, (1)と(3)によって,

$$(-1) \times (1+(-1)) = (-1) \times 0 = 0$$

他方では, 同じ式が, (4)と(3)によって,
$$(-1) \times (1+(-1)) = \{(-1) \times 1\} + \{(-1) \times (-1)\}$$
$$= (-1) + (-1) \times (-1)$$

そこで,

$$(-1) + (-1) \times (-1) = 0$$

(2)によって, -1 に加えて 0 になるのは 1 だけだから,

$$(-1) \times (-1) = 1$$

となる。

説明はわかったと思うが, すっきりしましたか。

除 算

整数の範囲で乗算はいつもできるが, 除算はそうはいかない。

$$123 \div 3 = 41$$

は, 確かに整数だが,

$$123 \div 4$$

はどうか。答えは 30.75 というかもしれないが, これは整数ではない。整数の範囲では答えはない。そこで, 自然数の場合と同じ問題が発生する。

（1） 割り切れないような除算はやらないことにして，それが出てきたらそこでおしまい。
（2） 除算ができるような新しい数を作る。

 自然数が減算で行き詰まったときには（2）の道を進んで，新しい数を作った。今度もこの道へ進めば，有理数・無理数・実数の数学という，初等整数論とは別の世界が開けてくる。しかし初等整数論では，割り切れないときにはそのままの形で，商と余りの両方を使う。その話の前にちょっと注意。

0で割ることは禁止

 0で割ってはいけない。なぜか。

 中学生や高校生の話を聞いたり座談記事などを読むと，「なぜいけないか」というはっきりした理由を，小学校以来聞いていないという方が多いようだ。まず，
（1） $1 \div 0$ の答えがあったとして，x とする。

$$1 \div 0 = x \qquad (*)$$

である。

 除算と乗算は互いに逆：$a \div b = c \Leftrightarrow b \times c = a$ というのが基本である。（*）を乗算に直すと，

$$0 \times x = 1$$

ところが，x に何を代入しても，左辺はいつも0で，決して右辺の1にはならないから，答えはない。この除算はできない。**不能**であるともいう。

 $2 \div 0, 3 \div 0, \ldots\ldots$ もみな同じ理由で，不能である。

（2） $0 \div 0$ はどうか。答えがあったとして y とする。

$$0 \div 0 = y$$

と置き，乗算に直すと，

$$0 \times y = 0$$

左辺の y に何を代入しても，いつも 0 で右辺と同じ。そこで，答えは何でもよい。**不定**ということもある。

　不定といおうと不能といおうと，正常な数学にならないことは同じだから，0 で割ってはいけないのである。

1-3　除算アルゴリズム

　アルゴリズムというのは最近よく使われる言葉だ。テレビの漫画にも出るらしい。これは，

1．ある結果を得るための，精密に定めた手順。
2．有限回で必ず終わる。

もので，コンピュータのプログラムを書くときに重要である。

　次に説明する除算アルゴリズムは，簡単すぎてその重要さはなかなかわからないが，初等整数論の最も基本である。これからも頻繁にその形の式が現れるから，意味がすぐに理解できるように！

　さて，初等整数論では，割り切れないときには商と余りをそのまま残す，といった。これを，

$$123 \div 5 = 24 \cdots 3$$

第1章●整数の生い立ち

と書くことがある。たいへんわかりやすい書き方だが，本当はよくない。数学での＝は両辺の値が等しいということだが，上の右辺の24…3というのは説明であって，数学の式ではない。

T 1-1

除算アルゴリズム

任意の整数 a と正整数 b に対して
 (1) $\quad a = bq + r, 0 \leq r < b$
のような整数 q, r が存在する。
 (2) この q と r の組は1通りである。

q を**整商**あるいは（部分）商と，r を**余り**という。剰余ということもあるが，別の意味に使うこともあるので，余りということにする。

証明（1）（q と r が存在すること）整数全体を，
……, $-5b, -4b, -3b, -2b, -b, 0, b, 2b, 3b, 4b, 5b,$ ……
で左に閉じ右に開いた，幅 b の半開区間に区切る。

……, $[-2b, -b), [-b, 0), [0, b), [b, 2b),$ ……

閉じた(closed)というのは，境界が $\leq$ あるいは $\geq$
開いた(open)というのは，境界が $<$ あるいは $>$
の場合である。

各区間は，
$$I_i = [ib, (i+1)b) = \{x \mid ib \leq x < (i+1)b\}$$
（i はすべての整数をわたる）

の形で，a はこれらのどれかの区間の上にのる。それを，

$$qb \leq a < (q+1)b$$

とする。$r = a - bq$ と置けば，

$$a = bq + r, \qquad q, \ r \text{ は整数}, \ 0 \leq r < b$$

である。

（2）（1通りであること）　もしも，
$$a = bq_1 + r_1, \ 0 \leq r_1 < b$$
$$a = bq_2 + r_2, \ 0 \leq r_2 < b$$

のように2通りに表されたとする。引いて絶対値をとると，

$$b|q_1 - q_2| = |r_1 - r_2|$$

$0 \leq r_1 < b$，$0 \leq r_2 < b$ であるから，右辺は $<b$ であるから，左辺も $<b$。$q_1 - q_2$ は整数だから，

$$q_1 - q_2 = 0 \qquad \text{で} \qquad r_1 - r_2 = 0$$
$$q_1 = q_2 \qquad \text{で} \qquad r_1 = r_2 \qquad \blacklozenge$$

◆は証明の終わりのマークとする。

a が負のときは注意が要る。例えば，$-123 \div 5$ は，

$$-123 = 5(-24) + (-3), \ q = -24, \ r = -3$$

としてはいけない。これでは，$0 \leq (\text{余り}) < (\text{除数})$ になっていない。

$$-123 = 5(-25) + 2, \ q = -25, \ r = 2$$

が正しい。

$b<0$ の場合も考えることもある。このときは，除算アルゴリズムの式（1）は，

$$a = bq + r, \ 0 \leq r < |b|$$

となる。例えば，$b=-5$ ならば，

$$123 = (-5)(-24) + 3$$

である。

（パソコンを使う場合，ソフトによって，違いがあるようだ）図を描いてみればわかるが，bq は，a を超えず a に最も近い整数である。しかし，q と r を，

$$a = bq + r, \ -\frac{b}{2} \leq r \leq \frac{b}{2}$$

のように選んだ方がよいことがある。つまり，距離が a に一番近い bq を選ぶことになる。図を描いてみよ。このような余りを**絶対値最小剰余**という。$123 = 5 \cdot 24 + 3$ ではなくて，

$$123 = 5 \cdot 25 + (-2)$$

とする。ただし，

$$123 = 6 \cdot 20 + 3$$
$$123 = 6 \cdot 21 + (-3)$$

のように，商と余りが2通りでる場合がある。

長い一連の計算を続けるときには，こちらを使った方が早く進む場合がある（p.93を見よ）。

p.25で加算の法則をまとめておいた。乗算が入ったので，これを加えた数系をまとめておく。

環の公理

数のある集合 R は，和 $c=a+b$ と積 $d=ab$ について閉じていて，次の8つの規則が成り立つ。

a，b，c は R の任意の数とする。

R1. 加算の交換法則：$a+b=b+a$

R2. 加算の結合法則：$a+(b+c)=(a+b)+c$

R3. R には特別な**零** 0 という数があって，
$$a+0=0+a=a$$

R4. 各 a に対して**反数** $-a$ があって，
$$a+(-a)=(-a)+a=0$$

R5. 乗算の交換法則：$ab=ba$

R6. 乗算の結合法則：$(ab)c=a(bc)$

R7. R には特別な**単位** 1 という数があって，
$$a\cdot 1=1\cdot a=a$$

R8. 加算と乗算の間の**分配法則**：
$$a(b+c)=ab+ac$$
$$(b+c)a=ba+ca$$

このようなシステム R を**単位元をもつ可換環**という。以下では、これをただ**環**（ring）ということにする。つまらぬ余談だが、数学の友人と「カカンカン」とか「ヒカカンカン」と話していたら、そばで聞いていた人から「それは何だ。鉦でも叩く話か」といわれた（ヒカカンカンは非可換環であるが）。何気なく使っている専門用語が部外の方には異様に聞こえるという話。

以下，通常の加算と乗算について。
・整数全体の集合 Z は通常の加算について群をなす。
・整数全体の集合 Z は環をなす。
・偶数全体の集合 $2Z = \{\cdots\cdots, -6, -4, -2, 0, 2, 4, 6, \cdots\cdots\}$ は加算については群をなす。R7を満たさないから、ここでいう環にはならない。

●**問** 奇数全体の集合は環になるか。加算あるいは乗算についての群になるか。

別の環の例は，第5章で重要な働きをする。

●**注意** 群や環は代数学の重要な研究対象であるから，これをしっかり学んでから，その応用として初等整数論を研究するという方法もある。本書では残念ながらこの方法はとれなかった。

1-4 位取り記数法

コンピュータ内の情報は2進法が基礎になっているという話は，あちこちで聞いたことがあると思う。

われわれは普通**10進法**（10ずつまとめて新しい桁に繰り上げる）を使っていて，それを意識さえしない。

k **進法**（k は整数 ≥ 2）は，k 個ごとにまとめる方法で，
（1） たくさんの物は，先ず k 個ずつの小束にまとめる。
　　　余りは k 個より少ないので，これを a_0 とする。
（2） k 個ずつの小束がたくさんできたら，これらを k 個

ずつの中束にまとめる。余った小束を a_1 個とする。
(3) 中束がたくさんできたら、これらを k 個ずつの大束にまとめる。余った中束の個数を a_2 とする。
(4) まとめた束の個数が k 個未満になるまで、大々束、大々々束というように続ける。

数値でやってみよう。$k=7$、$n=1234$ とする。実は、このように1234と書くこと自体、10進法を使っていることになるので具合が悪い。1234個の小石が箱の中に入っている状態を想像していただきたい。

7個ずつまとめるのだから、n を7で割ってみる。

  $1234 \div 7$：商 176，余り 2 （余った個数 $2 = a_0$）
  $176 \div 7$：商 25，余り 1 （余った小束の個数 $1 = a_1$）
  $25 \div 7$：商   3，余り 4 （余った中束の個数 $4 = a_2$，
                             大束の個数 $3 = a_3$）

次のように計算した方がずっとわかりやすい。

```
      7 ) 1234
      7 )  176 …… 2
      7 )   25 …… 1
      7 )    3 …… 4
             0 …… 3
```

最後の割り算は不要だが、体裁を揃えるために書いた。そこで、10進法の1234は、7進法では右側の数字を下から読んで、3412となる。これを、

  $(1234)_{10} = (3412)_7$ あるいは $1234_{10} = 3412_7$

と書く。

10進法に戻すには、逆に計算すればよい。

$$(((((3\times7)+4)\times7)+1)\times7)+2=1234$$

となる。

曜日は7日毎に繰り返すから、日付の方も1年を通しての日付で7進法にしておけば、曜日と日が合って具合がよいだろう。

  0日 1日 2日 3日 4日 5日 6日
  10日 11日 12日 13日 14日 15日 16日

0で終わる日は日曜日、1で終わる日は月曜日、……ということになる。

時間は秒、分、時間の順に、60、60、24で繰り上がるから、60進60進24進である。時間や角度が60進法になっているのは、いろいろな歴史的事情があるようだ。数学史の本を見よ [Ta5]。

整理しておく。

正整数Nをk進展開するには、まず、除算アルゴリズムによって、

$$N=kq_1+a_0,\quad 0\leq a_0<k$$

のような q_1 と a_0 がある。

もしも、$q_1<k$ ならば、ここで終わり。

$q_1\geq k$ ならば、

$$q_1=kq_2+a_1,\quad 0\leq a_1<k$$

もしも、$q_2<k$ ならば、ここで終わり。

$q_2\geq k$ ならば、

$$q_2 = kq_3 + a_2, \quad 0 \leq a_2 < k$$

これを続けていく。

$$\frac{N}{k} \geq q_1, \quad \frac{q_1}{k} \geq q_2, \quad \frac{q_2}{k} \geq q_3, \quad \cdots\cdots$$

であるから,いつかは $q_n < k$ で,

$$q_{n-1} = kq_n + a_{n-1}, \ 0 < q_n < k, \ 0 \leq a_{n-1} < k$$

となる。もう1回割ると,

$$q_n = k \cdot 0 + a_n, \ 0 < a_n < k$$

そこで,次々と戻って代入していけば,
$$N = a_n k^n + a_{n-1} k^{n-1} + a_{n-2} k^{n-2} + \cdots\cdots + a_1 k + a_0$$
が得られる。まとめておく。

T 1-2

k を2以上の整数とする。
(1) 正整数 N は,
$$N = a_n k^n + a_{n-1} k^{n-1} + a_{n-2} k^{n-2} + \cdots\cdots + a_0 \quad (*)$$
$$0 < a_n < k, \ 0 \leq a_i < k, \ i = 0, 1, 2, \cdots\cdots, n-1$$
のように,書き表すことができる。
(2) この表し方は1通りである。

証明(1) (*)のように書き表せることは,すでに示した。
(2) 2通りに表されたとする。$t \geq s$ として,

第1章●整数の生い立ち

$$N = a_t k^t + a_{t-1} k^{t-1} + a_{t-2} k^{t-2} + \cdots\cdots + a_0 \quad (*)$$
$$0 \leq a_i < k, \ i = 0, 1, 2, \cdots\cdots, t$$
$$N = b_s k^s + b_{s-1} k^{s-1} + b_{s-2} k^{s-2} + \cdots\cdots + b_0$$
$$0 \leq b_i < k, \ i = 0, 1, 2, \cdots\cdots, s$$
$$a_t k^t + \cdots\cdots + a_2 k^2 + a_1 k + a_0$$
$$= b_s k^s + \cdots\cdots + b_2 k^2 + b_1 k + b_0 \quad (**)$$

両辺を k で割った余りは等しいから,

$$a_0 = b_0$$

($**$) の両辺から a_0, b_0 を引いてから, k で割ると,

$$a_t k^{t-1} + \cdots\cdots + a_2 k + a_1 = b_s k^{s-1} + \cdots\cdots + b_2 k + b_1$$

両辺を k で割った余りは等しいから,

$$a_1 = b_1$$

両辺から a_1 と b_1 を引いて k で割る。これを繰り返せば, $t = s$ ならば, $a_t = b_s$ となり, $t > s$ ならば,

$$a_t k^{t-s-1} + \cdots\cdots + a_{s+1} = 0$$

同様にして, $a_{s+1} = \cdots\cdots = a_t = 0$ となる。 ◆

2進法と16進法

以前はパソコンでプログラムを書くとき,色や罫線を指定するのに2進法を使ったものだが,いまではその必要もなくなった。

常識程度のことに触れておこう。

10進法で表された数を2進法で表すと,たいへん長くな

る。例えば $n=1234$ を2進数で書くと,
$$n=10011010010$$
これでは記録するにも入力するにも間違えやすい。そこで下から4桁ずつに区切って,
$$n=100\ 1101\ 0010$$
各部分の2進4桁の数を16進1桁の数に直す。そうすると,数字が16個必要なので,
$$0,1,2,3,4,5,6,7,8,9,A,B,C,D,E,F$$
を使う。上の n は,
$$n=(100\ 1101\ 0010)_2=(4D2)_{16}$$
となって,覚えやすい。

●問 10進数の 2^2-1, 2^3-1 は2進法ではどう書けるか。2^n-1 はどうか。

桁数

ある正整数 x を2進法と10進法で表した桁数を,それぞれ a, b とする。
$$a-1 \leq \log_2(x) < a$$
$$b-1 \leq \log_{10}(x) < b$$
これから,だいたい,
$$\frac{a}{b} \fallingdotseq \frac{\log_2(x)}{\log_{10}(x)} = \frac{\log(10)}{\log(2)} \fallingdotseq 3.3$$
だから,約3.3倍になると考えてよい。

1-5 応用:天秤のパズル

天秤を使って,1gから100gまで1g毎に測れるようにしたい。分銅の個数はなるべく少なくしたい。何gの分銅を何個ずつ用意すればよいか。

(a) 分銅を載せる皿を片方(左側)に決めた場合。

まず,1gの分銅が必要なことは当然。

次に,2gを測るのに,1gをもう1つでは2gまでしか測れないが,2gがあれば合わせて3gまで測れる。

  分銅(g)   測れる範囲(g)
  1, 2   1, 2, 3

次に,4gが必要である。

  1, 2, 4   1, 2, 3, 4, 5, 6, 7

次は8gという具合で,結局,

$$1,\ 2,\ 2^2,\ 2^3,\ 2^4,\ \cdots\cdots,\ 2^{n-1}(\mathrm{g}) \quad (*)$$

の n 個の分銅があれば,1g毎に $2^n - 1$ gまで測れる。

そこで,

$$2^n - 1 \geq 100 \quad \Rightarrow \quad n \geq 7$$

「100gを測るには,どの分銅を使ったらよいか」
ということは,100を(*)の和で表すことだから,100を2進展開すればよい。

```
2)　 100
2)　　50 …… 0    (1g)
2)　　25 …… 0    (2g)
```

$$\begin{array}{r}2\,)\underline{12}\cdots\cdots 1\quad(4\,\mathrm{g})\\ 2\,)\underline{6}\cdots\cdots 0\quad(8\,\mathrm{g})\\ 2\,)\underline{3}\cdots\cdots 0\quad(16\,\mathrm{g})\\ 2\,)\underline{1}\cdots\cdots 1\quad(32\,\mathrm{g})\\ 0\cdots\cdots 1\quad(64\,\mathrm{g})\end{array}$$

$$(100)_{10}=(1100100)_2$$

(b) 分銅を両方の皿に載せて使ってもよい場合。

まず1gの分銅の次に2gを用意したのでは，前と同じで1g，2g，3gしか測れない。しかし，1gと3gの分銅があれば，次のように4gまで測れる。

左の皿		右の皿
(品)	(分銅)	(分銅)
1 g		1 g
2 g	1 g	3 g
3 g		3 g
4 g		1 g，3 g

次に，5gを測りたい。9gがあれば$(9-4)=5$gから始めて，

5 g	1 g，3 g	9 g
6 g	3 g	9 g
……	……	……
13 g		1 g，3 g，9 g

次は，27gの分銅という具合で，結局，

$$1\,\mathrm{g},\ 3\,\mathrm{g},\ 3^2\,\mathrm{g},\ 3^3\,\mathrm{g},\ 3^4\,\mathrm{g},\ 3^5\,\mathrm{g},\ \cdots\cdots$$

ということになる。

前の問題では2進展開を使った。この問題では3進展開と関係があるようだ。しかし、ただの3進展開では具合が悪い。例えば、

$$21=2\cdot 9+3=2\cdot 3^2+1\cdot 3+0\cdot 1$$

だから、9gの分銅が2個必要だ。しかしこれを、
$$=(3-1)\cdot 3^2+1\cdot 3+0\cdot 1$$
$$=1\cdot 3^3+(-1)3^2+1\cdot 3+0\cdot 1$$

のように表してみればよい。係数が-1の分銅は、品物の方に載せることを意味する。

計算は次のようにする。例えば、$a=65$とすると、

$$\begin{array}{r|l}
3) & 65 \\
3) & 22 \cdots\cdots -1 \\
3) & 7 \cdots\cdots 1 \\
3) & 2 \cdots\cdots 1 \\
& 1 \cdots\cdots -1
\end{array}$$

つまり、p.33の絶対値最小剰余である。

$$65=-1\cdot 1+1\cdot 3^1+1\cdot 3^2-1\cdot 3^3+1\cdot 3^4$$
$$=-1\cdot 1+1\cdot 3+1\cdot 9-1\cdot 27+1\cdot 81$$

は、

$$65+(1\cdot 1+1\cdot 27)=1\cdot 3+1\cdot 9+1\cdot 81$$

と書けるから、

　　　左の皿には、品物と1g、27gの分銅
　　　右の皿には、3gと9gと81gの分銅

を載せればよいことを示す。

◆虫に食われた古文書◆

ギリシャの古いお墓から、加算表がでてきた。腐って欠けているところを埋めよ。もちろん何進法かわからない。

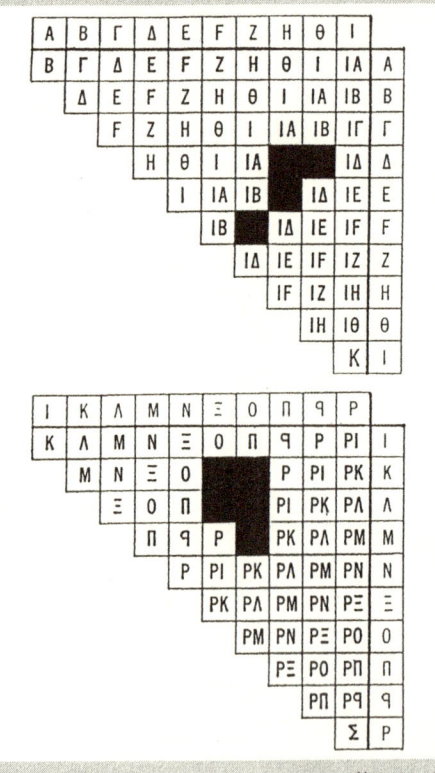

A	B	Γ	Δ	E	F	Z	H	Θ	I
B	Γ	Δ	E	F	Z	H	Θ	I	IA	A
	Δ	E	F	Z	H	Θ	I	IA	IB	B
		F	Z	H	Θ	I	IA	IB	IΓ	Γ
			H	Θ	I	IA	■	■	IΔ	Δ
				I	IA	IB	■	IΔ	IE	E
					IB	■	IΔ	IE	IF	F
						IΔ	IE	IF	IZ	Z
							IF	IZ	IH	H
								IH	IΘ	Θ
									K	I

I	K	Λ	M	N	Ξ	O	Π	Ϙ	P
K	Λ	M	N	Ξ	O	Π	Ϙ	P	PI	I
	M	N	Ξ	O	■	■	P	PI	PK	K
		Ξ	O	Π	■	■	PI	PK	PΛ	Λ
			Π	Ϙ	P	■	PK	PΛ	PM	M
				P	PI	PK	PΛ	PM	PN	N
					PK	PΛ	PM	PN	PΞ	Ξ
						PM	PN	PΞ	PO	O
							PΞ	PO	PΠ	Π
								PΠ	PϘ	Ϙ
									Σ	P

答えはp.47

第1章●整数の生い立ち

練習問題 1

Q1 すべての自然数 $n>2$ についての次の命題を，数学的帰納法で証明せよ．
(1) $2^n > 2n$
(2) $2!4!\cdots(2n)! > ((n+1)!)^2$

Q2 $(-1)\div(-1)=(+1)$ を説明せよ．

Q3 除算アルゴリズムの式，$a=bq+r, 0\leq r<b$ で，

$$q\leq \frac{a}{b} \leq q+1-\frac{1}{b}$$

を導け．

Q4 ある正整数 a の2進表示，4進表示，8進表示，16進表示の間にはどのような関係があるかを考えて，
(1) $n=12345$ を2進法で書け．
(2) これを利用して，n を4進法で書け．8進法で書け．16進法で書け．

Q5 n を16進法で表すと，10進法での桁数の約何倍になるか．

Q6 2進数 $111\cdots\cdots 1$ が素数であるためには，1の個数が素数でなければならないことを示せ．

Q7 $15^2=225$, $35^2=1225$, $85^2=7225$ をよく観察して，末

位が 5 の整数の平方を簡単に求める規則を見出せ。理由も説明せよ。

Q8 天秤のパズルで，37 g，65 g，101 g を，それぞれ片側式と両側式で測る仕方(分銅の種類と置き方)を調べよ。

Q9 整数の 2 乗あるいは 3 乗で表される整数を，完全平方数，あるいは完全立方数という。すべての完全平方数は，$7k, 7k+1, 7k+2, 7k+4$ の型であり，すべての完全立方数は $9k, 9k\pm1$ の型であることを示せ。k は整数である。

第 1 章 ● 整数の生い立ち

虫に食われた古文書

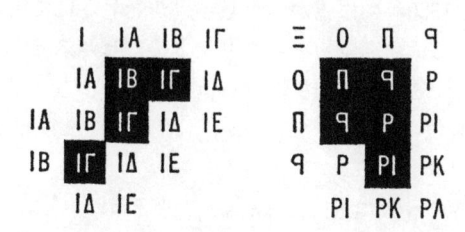

	IA	IB	IΓ
IA	IB	IΓ	IΔ
IA	IB	IΓ	IΔ	IE
IB	IΓ	IΔ	IE
	IΔ	IE	

Ξ	O	Π	Ϙ
O	Π	Ϙ	P
Π	Ϙ	P	PI
Ϙ	P	PI	PK
	PI	PK	PΛ

第2章 整数の周辺

分数や小数は整数ではないけれども，整数とは深い関係があるので，初等整数論で扱うことが多い。分数や小数が整数や自然数と違うのは割り算があるということだから，この章では割り算が主役である。

2-1 分 数

小数は位取り10進法が基礎になっているから，15世紀頃にならなければ現れなかったが，分数は早くから使われた。ある物を2つ，3つ，4つに等分したときの1つ分を表す記号などは，集団生活をはじめればすぐに必要になるだろう。

有理数は2つの整数の比として分数で表される。有比数というのが本当らしいが，最初の訳語がまずかった。

古代エジプトの単位分数

人類の文明の発祥は，ナイル河，チグリス・ユーフラテス河，黄河，インダス河などの大河の流域であるといわれている。その1つ古代エジプトの古い数学を伝えるものに，B.C.1650年頃に書かれた数学書が発見されている。所有している人の名前をとって**リンドのパピルス**ともいう。

それによると，エジプト人は，分子がいつも1である分数だけを使ったようだ [Ta3]，[Hi2]。これを**単位分数**という。

$\frac{2}{3}$ 以外の分数，例えば $\frac{2}{65}$ や $\frac{2}{41}$ などは，

$$\frac{2}{65}=\frac{1}{39}+\frac{1}{195}, \quad \frac{2}{41}=\frac{1}{24}+\frac{1}{246}+\frac{1}{328}$$

のように表した。そうしていろいろな分数を単位分数で表した大きな表を使って計算したようだ。現代でも、上の左辺を右辺のように分解するのは簡単ではないであろう。

リンドのパピルス

現存する世界最古の数学書で、1588年にイギリスのエジプト学者リンドがエジプトで買い取った。現在、大英博物館にある。

1877年にアイゼンロールが解読した。内容は B.C.1650年頃に書記のアーメスが、当時存在した古文書を写したものであるという。算術や測地の問題集である、例えば、

「辺の長さの比が3:4の2つの正方形の土地の面積の和が100になるようにせよ」

などというのがある。答えだけで解法は書いてない。

ここで使われた数字が面白い。10^6など、あまりに大きくて驚いている図であろうか。

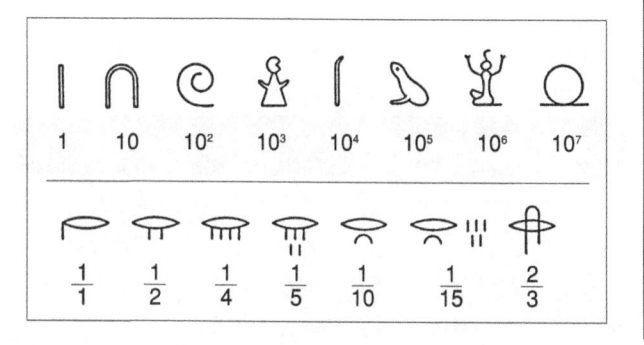

𓏤	𓎆	𓍢	𓆼	𓂭	𓆐	𓁨	𓍶
1	10	10^2	10^3	10^4	10^5	10^6	10^7

$\frac{1}{1}$	$\frac{1}{2}$	$\frac{1}{4}$	$\frac{1}{5}$	$\frac{1}{10}$	$\frac{1}{15}$	$\frac{2}{3}$

象形文字の石碑

分数の計算

整数だけの範囲では，割り算ができない場合があった。有理数まで数の範囲を広げると，四則計算が自由にできるようになる。

『分数ができない大学生』(東洋経済新報社) という本が評判になったが，ここでは分数の計算は周知とする。

2-2 分数から小数へ

分数を小数に直すには，もちろん分子を分母で割ればよい。割り算をすると，割り切れるときと割り切れないときがある。割り切れたらそれでおしまい。どういうときに割り切れるか，の判定は次節の研究とする。

割り算の答えを知るだけだったら,電卓を使えば一発だ。しかし,割り算の秘密(といっては大げさだが,面白さといおうか)を見るには自分で手を動かして割るしかない。

はじめに面白い方法を2つ。

ガウス式割り算

高木貞治 [Ta2] は,「ガウスは次のような方法で長い割り算を行ったであろう」と推測している。$\frac{1}{17}$ を例として説明しよう。ただ漫然と割っていくのではなく,余り(次の被除数)の出方に注目しよう。

```
           0.0588235
      17)  1.0000000
           85
           150
           136
           140
           136
            40
            34
            60
            51
            90
            85
            50
```

ちょうど同じ余りはなかなか出てこないが,

$$10,\ 15,\ 14,\ 4,\ 6,\ 9,\ 5$$

と見ていくと,7番目の余り5は最初の被除数10の半分だ。割られる数が半分ならば商も半分になるであろう。そこで,次のように考える。

まず、ここまでの商を書き並べる。

　　　　　　　イロハニホヘトチリ
　　　　　　 0.0588235

被除数が100のときの商イに当たる5を指で押さえる。
それを2で割ると2が立って1が余るので、上の5の次のトの位置に2と書き、余り1を覚えておく。

　　　　　　　イロハニホヘトチリ
　　　　　　 0.05882352

ロの8を指で押さえる。

　余りの1とロの8で18。これを2で割って、商は9で余り0。そこで、チのところに9と書き、余り0を覚えておく。

　　　　　　　イロハニホヘトチリ
　　　　　　 0.058823529

押さえていた指を右にずらす。

　この余り0とハの8を2で割る。答え4をリの位置に書く。

　　　　　　　イロハニホヘトチリ
　　　　　　 0.0588235294

　文章で書くと面倒なようだが、要領がわかれば簡単だ。以下同様に続ければ、次々の商が面白いようにスラスラと書けてしまう。

　　　　　0.05882 35294 11764 70588

●**注意**　いうまでもなく、あるところで間違えるとあとは全滅だ。

そのときどきの余りは消えてしまうが，もしもこれを記録しておけば，同じ余りが出るときがあるから，そこからあとは循環し，循環節の長さがわかる。余りを記録しないならば，割り算を続けて商の並びを見ていけば，先の例では0588が再出し，循環節が16であることが推測できる。第9章で詳しい研究をする。

●問　上の割り算で，6回目の余り5は2回目の15の3分の1である。これに注目して計算してみよ。

●問　$\frac{1}{23}$を小数に直し，循環節およびその長さを推測せよ。

スターク式割り算

これは，分母が19，29，39，49，……のように9で終わる場合に有効である。

例　　$1 \div 29 \fallingdotseq 1 \div 30 = 0.1 \div 3$

とする（分母が1桁であることに注意）。

まず，0.1 を3で割ると，商は0，余り1だから，

```
          イロハ
    3) 0.1
       0.0
```

商0を右上イの場所に写す。

```
          イロハ
    3) 0.1 0
       0.0
```

次に，0.10 を3で割ると商が3，余り1だから，商の3を下に書き，これを右上ロの位置に写す。余り1は覚え

ておく。

```
          イロハ
     3) 0.1 0 3
        0.0 3
```

余り1とロの3で13。これを3で割ると、4が立ち、余りは1なので、商の3の次に4と書き、これをハの位置に移す。余り1は覚えておく。

```
          イロハ
     3) 0.1 0 3 4
        0.0 3 4
```

以下、これを続ければ、スラスラと、

0.03448 27586 20689 65517 24137 93103 44827

が得られる。商の数字の並びを見ていけば、循環節の長さが28らしいことが推測できる。循環節の長さは、p.260、p.269で研究する。

ガウス式割り算と同様、説明は面倒だが、実際にやってみれば簡単だ。

分母の末桁が9でなくても、例えば、

$$1 \div 23 = 3 \div 69 \fallingdotseq 3 \div 70 = 0.3 \div 7$$

のように変形すれば、この方法が使える。分母が1桁であることに注意。

●問 $\dfrac{1}{79}$ をこの方法で計算してみよ。

●問 スタークの方法が正しい理由を考えよ。

第2章 ● 整数の周辺

電卓を使った長い割り算

もちろん電卓を使えば長い割り算ができる。12桁の電卓もあるが，普通は8,9,10桁である。これを使ってやってみよう。

例 $a = \dfrac{1}{67}$

手順の参考のために，割り算の計算をソッと書いておく（実際は書かない）。5桁ずつ決めていくことに注意！

```
           0.01492 53731 34328 35820
     67 ) 1.00000
           99964
           ─────
              36 00000
              35 99977
              ────────
                 23 00000
                 22 99976
                 ……
```

この計算を電卓で要領よく計算すればよい。

1. 先ず $1 \div 67 = 0.0149253$ の5桁01492を記録する。
2. $01492 \times 67 = 99964$
   （9がいくつか続いたあと64がある。36を加えると，ずっと繰り上がっていく。この36のような数を補数ということにする。曖昧な定義だが，いくつかやってみれば納得できると思う）。
3. 99964の補数 $(100000 - 99964 =) 36 \div 67 = 0.5373134$ の上位5桁53731を記録する。
4. $53731 \times 67 = 3599977$
5. 3599977の補数 $23 \div 67 = 0.3432835$ の上位5桁34328を記録する。
6. $34328 \times 67 = 2299976$
7. 2299976の補数 $24 \div 67 = 0.3582089$ の上位5桁35820を

記録する。

以下同様に続ける。

すぐに要領がつかめる。40桁を書いてみると,

0.01492 53731 34328 35820 89552 23880 59701 49253 ……

となり, 余りに注意していけば, 循環節の長さは33桁であることがわかる。

もう1つ練習。

例 p.53の $1 \div 29$ を, 電卓で計算せよ。

1. まず $1 \div 29 = 0.0344827$ の上位5桁03448を記録する。
2. $03448 \times 29 = 99992$
3. 補数 $8 \div 29 = 0.2758620$ の上位5桁27586を記録する。
4. $27586 \times 29 = 799994$
5. 補数 $6 \div 29 = 0.2068965$ の上位5桁20689を記録する。
6. $20689 \times 29 = 599981$
7. 補数 $19 \div 29 = 0.6551724$ の上位5桁65517を記録する。

以下同様に続ける。

0.03448 27586 20689 65517 24137 93103 44827 58620

●**問** この方法で, $123 \div 234$ を計算してみよ。

循環小数

例1. $\dfrac{78}{125}$ を小数に直せ。

割り切れて, 0.624。言うことは何もない。

例2. 分数 $\dfrac{5}{7}$ を小数に直せ。

次のように割り算を続けていくと,

```
    0.71428571428
7)5.000000
  4.90
   10
    7
   30
   28
    20
    14
    60
    56
     40
     35
     50
     49
      10
       7
      30
      28
```

$$\frac{5}{7} = 0.71428571428\cdots\cdots$$

ここまで計算してみたところ，どうも途中から同じ数字が出てくるらしい。

　商を出す前の余りに注目しよう。7で割っているのだから，割り切れなければ，余りは1, 2, 3, 4, 5, 6の6通りしかない。そこで，5, 1, 3, 2, 6, 4と1通り出れば，あとは同じものが出るしかない。

鳩の巣原理（Pigeonhole Principle）：
　鳩の巣が6つあるところに7羽が飛んでくれば，どれかの巣に2羽以上が入らなければならない。

という。「こんな当たり前のことに原理とは大げさな」と

思うかも知れない。

例3. 分数 $\frac{5}{28}$ を小数に直せ。

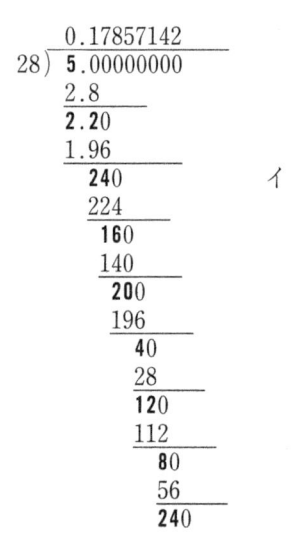

```
             0.17857142
      28) 5.00000000
           2.8
           2.20
           1.96
             240        イ
             224
             160
             140
             200
             196
              40
              28
             120
             112
              80
              56
             240
```

ここで，余りがイと同じになったので，以下イのときの商8以下が繰り返す。

例1は割り切れて，例2は割り切れない。この違いの原因は分母にある。

いま逆に，ある有限小数を分数に直したとすると，とにかく分母は $10, 100, 1000, 10000, \cdots\cdots$ である。これらの因数は2と5だけだから，約分したところで，2，5以外の因数が新しく現れるはずがない。

また，分母の因数が2と5だけならば割り切れることは明らかだ。定理としておく。

第2章●整数の周辺

> **T 2-1**
>
> 既約分数を小数に直すとき,
> 分母の因数が 2, 5 だけならば, 割り切れて有限小数,
> 2, 5 以外の因数があれば割り切れず無限小数となる。

そこで, $\frac{78}{125}$ が割り切れたのは, 分母 $125=5^3$ であるからで, $\frac{5}{7}$ や $\frac{5}{28}$ が割り切れなかったのは, 分母 $28=2^2 \cdot 7$ のように因数 7 があるためであることがわかった。割り切れないときには, 答えの数字が繰り返す。

このような小数を**循環小数**といい, 循環する部分を**循環節**, その桁数を**循環節の長さ**という。

$$\frac{5}{7}=0.\overline{714285}, \quad \frac{1}{78}=0.0\overline{128205}$$

のように, 循環節の上に横線を引く。これを,

$0.\overset{\bullet}{7}1428\overset{\bullet}{5}, \ 0.0\overset{\bullet}{1}2820\overset{\bullet}{5}$ のように循環節の両端に・を打つ書き方もある。

$\frac{5}{7}$ は小数点の次からいきなり循環節が始まるので, **純循環小数**で, $\frac{5}{28}$ は 0.17 という循環しない部分があるので, **混循環小数**という。

どういう場合に純循環になるか混循環になるかは, 読者の研究に任せる。

2-3 小数から分数へ──連分数

循環しない無限小数は, どのような数が現れるか予想もつかないのだから, これ以上はどうにもならない。

以下，小数を分数に戻すことを考える。

有限小数を分数に直す

これはやさしい。例えば，

$$\pi \fallingdotseq 3.14159$$

を分数で書けば，$\dfrac{3.14159}{1.00000}$ であるが，分数の分母も分子も整数でなければならないから，分母と分子を100000倍する。残念ながら，分母と分子の最大公約数が1だから約分はできず，既約分数である。そのまま，

$$\frac{314159}{100000}$$

となる。

分子も分母もたいへん大きくて，ちょっと体裁が悪いけれども，既約分数はこれしかない。

循環小数の場合

例1． $a = 1.232323\cdots\cdots = 1.\overline{23}$ 　　　　　（1）

もしも，無限等比級数を知っていれば，
$$a = 1 + 0.23 + 0.0023 + 0.000023 + \cdots\cdots$$

2項以下は，初項が0.23，公比が $0.01 < 1$ の無限等比級数だから，和の公式によって，

$$a = 1 + \frac{0.23}{1 - 0.01} = 1 + \frac{23}{99} = \frac{122}{99}$$

$\dfrac{122}{99}$ を計算してみれば，確かに $1.232323\cdots\cdots$ となる。

簡便法がある。

$$a = 1.232323\cdots \qquad (1)$$

100倍すると,

$$100a = 123.232323\cdots \qquad (2)$$

(2)−(1)で,小数点から右の循環部分はみな消えて,

$$99a = 122 \qquad a = \frac{122}{99}$$

●問 $7.0\overline{416}$を分数に直せ。

循環節の長さ

分母が素数 p ($\neq 2$, 5) の場合には,
「循環節の長さは $p-1$ の約数である」
この証明,また循環節の長さを知る問題については,もっといろいろな研究が必要である。第9章で再び出会う。

連分数というもの

$\sqrt{2}$ や π などは無理数といって,これらを小数で書こうとすると,いろいろな数字が予想もつかずに不規則に出てきて循環もしない。

$\sqrt{2} = 1.41421\ 35623\ 73095\ 0487\cdots$

$\pi = 3.14159\ 26535\ 89793\ 2384\cdots$

だから,$\sqrt{2}$ や π などは分数では書けないが,近似的にでも分数が作れれば便利だ。もちろん,

$$3.1 = \frac{31}{10} \qquad 3.14 = \frac{314}{100} = \frac{157}{50}$$

$$3.141 = \frac{3141}{1000} \qquad 3.1415 = \frac{31415}{10000} = \frac{6283}{2000}$$

$$3.14159 = \frac{314159}{100000}$$

とすればよいのだが,これではあまりにも安直だ。

中国南北朝時代の数学者祖沖之（429～500年）は,π として,

$$\text{約率} \quad \frac{22}{7} \qquad \text{密率} \quad \frac{355}{113}$$

を計算していた［Ta5］。あとの分数は簡単なのに,

$$\frac{355}{113} = 3.1415929 \cdots\cdots$$

のように,4000000分の1の精度である。

昔から多くの場合に,円に内接・外接する正多角形の周囲を計算して円周率の近似値を求めたのだが,この方法では円周率の小数表示しか得られない。上のような優れた近似分数はどのようにして見つけたのだろうか。

それには,連分数という考えが役に立つ。

連分数は無理数とも関係が深い。整数の加減乗除に帰着するので,初等整数論に入れる習慣のようだ。

例 $a = 3.1416$ とする。まず,

$$3.1416 = \frac{31416}{10000} = \frac{3927}{1250} = 3 + \frac{177}{1250}$$

このまま割り算を続ければ小数になって,はじめの a になる。これを次のように書く。

$$3.1416 = 3 + \frac{177}{1250} = 3 + \frac{1}{\frac{1250}{177}} = 3 + \frac{1}{7 + \frac{11}{177}}$$

この変形を続ける。

$$3.1416 = 3 + \frac{1}{7 + \frac{11}{177}} = 3 + \frac{1}{7 + \frac{1}{\frac{177}{11}}} = 3 + \frac{1}{7 + \frac{1}{16 + \frac{1}{11}}}$$

これで終わり。結局,

$$3.1416 = 3 + \frac{1}{7 + \frac{1}{16 + \frac{1}{11}}}$$

右辺の分数を計算すれば,もちろん左辺になる。なお,右辺はスペースをとるし書きにくいので,普通は,

$$3 + \frac{1}{7} + \frac{1}{16} + \frac{1}{11} \qquad (*)$$

のように略記する。

3.1416をわざわざ複雑な分数に書き直してどんな効能があるのか。ためしに($*$)の第2項までとってみると,

$$3 + \frac{1}{7} = \frac{22}{7}$$

これはちょうど約率である。第3項までとると,

$$3 + \frac{1}{7 + \frac{1}{16}} = \frac{355}{113}$$

で,密率が得られた。

これは3.1415929……であるから，3.1416からπのもっと精密な値が得られたように思えるが，それはまったくの偶然だ。小数点下4桁の数をどう処理したところで，小数点下6桁までの値が出るはずがない。3.1416はただの数であって，別にπの近似値というわけではないのだから。もちろん別の計算から，$\frac{355}{113}$はπの精密な近似分数ということはわかっているが。

　なお，上の計算形式は見にくいので，除算アルゴリズムを使って次のように計算したほうがすっきりする。

$$31416 = 10000 \cdot \mathbf{3} + 1416$$
$$10000 = 1416 \cdot \mathbf{7} + 88$$
$$1416 = 88 \cdot \mathbf{16} + 8$$
$$88 = 8 \cdot \mathbf{11}$$

●問　$\sqrt{2} \fallingdotseq 1.4142$について，以上のような研究を行え。

●問　2辺が10000と31416の長方形からできるだけ大きな正方形を切り出す。3個とれる。残った長方形からできるだけ大きな正方形を切り出す。残った長方形からもできるだけ大きな正方形を切り出す。

　この操作が，ちょうど$\frac{31416}{10000}$の連分数展開の操作に相当することを示せ。

最良近似分数

　連分数展開による近似分数はいわゆる**最良近似分数**であることが知られている。分数というものは，分母を大きくするほど分割が細かくなる。$\frac{1}{100}$であったら0.01のステ

ップで，$\frac{1}{1000}$ であったら，0.001のステップで変わるのだから，分母を大きくするほどより精密に近似できるのは当然だ。そこで，分母はできるだけ小さく選んで，しかもその中で真値にもっとも近い近似分数が問題になる。これが最良近似分数で，連分数展開による近似分数は，ちょうどこの要求に答えるものなのである。

2-4 分数のまとめ

p.34 で，整数全体の集合が「環」と呼ばれる代数系をなすということを説明した。有理数全体の集合の中ではさらに割り算ができるのだから，環の公理はさらに拡張される。

整数の環では，

R1. 加算の交換法則
$a+b=b+a$

R5. 乗算の交換法則
$ab=ba$

R2. 加算の結合法則
$a+(b+c)=(a+b)+c$

R6. 乗算の結合法則
$(ab)c=a(bc)$

R3. 特別な零 (0)
$a+0=0+a=a$

R7. 特別な単位 (1)
$a\cdot 1=1\cdot a=a$

のように，加算と乗算の性質が左右対応しているが，加算の **R4** に対応する乗算の性質がない。しかし有理数では，0でない任意の有理数 $\frac{a}{b}$ に対して $\frac{a}{b}\times\frac{b}{a}=1$ だから，加算の反数に相当する数もある。これを**逆数**という。

R4. a の**反数** $-a$
$a+(-a)=(-a)+a=0$

R8. $a(\neq 0)$ の**逆数** a^{-1}
$aa^{-1}=a^{-1}a=1$

まとめておこう。

体の公理

数のある集合Kは和 $c=a+b$, 積 $d=a\cdot b$ について閉じている。次の9つの規則が成り立つ。ここで, a, b, cはKの任意の数である。

K1. 加算の交換法則：$a+b=b+a$

K2. 加算の結合法則：$a+(b+c)=(a+b)+c$

K3. 特別な**零**0があって,
$$a+0=0+a=a$$

K4. 各aに対して, aの**反数** $-a$があって,
$$a+(-a)=(-a)+a=0$$

K5. 乗算の交換法則：$ab=ba$

K6. 乗算の結合法則：$(ab)c=a(bc)$

K7. 特別な**単位**1という数があって,
$$a\cdot 1=1\cdot a=a$$

K8. 0でない任意のaに対して, aの**逆元** a^{-1}があって,
$$aa^{-1}=a^{-1}a=1$$

K9. 加算と乗算の間に**分配法則**が成り立つ
$$a(b+c)=ab+ac$$
$$(b+c)a=ba+ca$$

第2章●整数の周辺

練習問題 2

Q1 次の分数を，ガウスの方法あるいはスタークの方法で小数展開せよ。循環節とその長さを求めよ。

$$\frac{25}{39}, \frac{5}{19}, \frac{31}{65}, \frac{1}{23}, \frac{10}{79}$$

Q2 a が b を割り切るとき，$a \mid b$ と書く。$a \mid b$, $b \mid a$ ならば，$a = b$ あるいは $a = -b$ であることを示せ。

Q3 $n^2 + 1$ は $n + 1$ で割り切れるという。n はいくつか。

Q4 $x \neq 3$ で，$x^3 - 3$ は $x - 3$ で割り切れるという。x はいくつか（たくさんある）。

Q5 （アーメスの問題から）
(1) $\dfrac{2}{27}, \dfrac{2}{19}$ をそれぞれ単位分数で表せ。
(2) （64番）（現代の用語に直した）大麦10ヘカトを10人で分配する。各人の分け前は等差数列で，公差は $\dfrac{1}{8}$ ヘカトである。各人の分け前はいくらか。[答えは単位分数でも求めよ]。

Q6 $\dfrac{17}{140}$ の計算で，9回目の余りは5回目の余りの半分である。これに注目しガウス式割り算を実行してみよ。

Q7 次の循環小数を分数に直せ。
(1) $a = 1.5\overline{13}$
(2) $b = 7.0\overline{344}$

Q8 π の近似分数 $\dfrac{22}{7}$ は最良近似であること,すなわち分母がこの分母を超えない分数のなかでは最も真値に近いことを示せ。

Q9 $n>1$ のとき,次は整数でないことを証明せよ。

(1) $1+\dfrac{1}{2}+\dfrac{1}{3}+\cdots\cdots+\dfrac{1}{n}$

(2) $1+\dfrac{1}{3}+\dfrac{1}{5}+\cdots\cdots+\dfrac{1}{2n-1}$

第3章 最大公約数

いつになったら素数の話になるのか。ヤキモキしている方もあるかも知れない。もう少しだ。分数・小数を離れて整数に戻る。整数の除算はいつもできるとは限らないから，ある整数 a がある整数 b で割り切れるかどうかは大問題である。このことから，約数・倍数・公約数・公倍数などの考えが生まれた。特に最大公約数は重要である。

3-1 倍数と約数

倍数と約数

除算アルゴリズムによって，整数 a と正整数 b に対して，

$$a = bq + r, \quad 0 \leq r < b$$

のような整数 q, r が1組だけ存在した。$r=0$ ならば，

$$a = bq$$

である。そこで，次の定義が生まれる。

D 3-1

2つの整数 $a, b\ (b \neq 0)$ に対して，
$$a = bq \qquad (*)$$
のような整数 q が存在するとき，
　　　　　　a は b で **割り切れる**

第3章 ● 最大公約数

という。このとき，

　a は b の**倍数**である　または　b は a の**約数**である

などといい，記号で，$b \mid a$ と書く。

($*$) のような整数 q が存在しないとき，

　　　　　　a は b で**割り切れない**

といい，記号で $b \nmid a$ と書く。

「b は a を割る」とか「a は b で割れない」という言い方もあるようだが，「割り切れる」，「割り切れない」という方が実感がこもっているので，これを使う。

● **注意**　$12 = 3 \cdot 4 = (-3)(-4)$ だから，3，4 と同時に，-3，-4 も 12 の約数である。ある整数の約数や倍数を考えるときには，このように＋と－が組みになっているので，特に断らなければ，約数や倍数は正整数に限る。なお，割り切る記号：

$$b \mid a$$

は便利ではあるが，どちらがどちらを割り切るのか，間違えやすい。

　　　　（割る数）｜（割られる数）

と覚えておけばよいというけれども，これでも，(割る数)は左だったか右だったか，間違えやすいことは同じだ。[To] では $b) \, a$ を使っている。

例1． $20 = 5 \cdot 4$ だから，20 は 4 で割り切れる。$4 \mid 20$。

71

23＝5・4＋3 であるから,23は5で割り切れない。5 ∤ 23。

例2. 72の約数は，1, 2, 3, 4, 6, 8, 9, 12, 18, 24, 36, 72の12個である（前ページで注意したように負数は書かない）。

例3. $a \cdot 0 = 0$ であるから，$a \neq 0$ ならば $a \mid 0$ である。

$a \cdot 0 = 0$ を見ると左の0は右の0の約数のようにも見える。p.29で注意したように，0で割ることはできないのだから，0はどんな数の約数でもない。

例4. どんな a に対しても，$a \cdot 1 = a$ だから，1はどんな整数の約数にもなっている。$1 \mid a$。$a \neq 0$ ならば，a 自身はもちろん a の約数である。$a \mid a$。

0でないどんな数 a も1で割り切れるし，a 自身でも割り切れる。この2つは当たり前な約数である。そこで，1とそれ自身を**トリヴィアル**（trivial）な約数という。「つまらない約数」「とるにたらない約数」という意味であろう。**自明**という訳語もあるが，どうもピッタリしないので，そのままトリヴィアルということもある。数学ではよく使う慣用語である。例えば，

$x = 0$, $y = 0$ は方程式 $ax + by = 0$ のトリヴィアルな解である。

などというふうに使う。

約数の個数と和

正整数 n の約数はいくつあるか。いろいろな記号が使われているが，ここでは約数（1と自分自身を含む）の個数を $\sigma_0(n)$，それらの和を $\sigma_1(n)$ で表す。

7の約数は，$\{1, 7\}$ だから，$\sigma_0(7) = 2$, $\sigma_1(7) = 8$

第3章●最大公約数

10の約数は，$\{1, 2, 5, 10\}$ だから，$\sigma_0(10)=4$, $\sigma_1(10)=18$

72の約数は，$\{1, 2, 3, 4, 6, 8, 9, 12, 18, 24, 36, 72\}$ だから，

$\sigma_0(72)=12$, $\sigma_1(72)=195$

また，

$\sigma_0(100)=9$, $\sigma_1(100)=217$

$\sigma_0(200)=12$, $\sigma_1(200)=465$

である。確かめてみよ。このように約数を書き並べて数えることをせずに約数の個数 $\sigma_0(n)$ と和 $\sigma_1(n)$ を知る一般の公式は第7章で研究する。

本書での記号について

n のすべての約数を $d_1, d_2, \cdots\cdots, d_s$ とするとき，

$$\sigma_k(n)=\sum_{d\mid n} d^k = d_1{}^k + d_2{}^k + \cdots\cdots + d_s{}^k$$

と置く。ここで $\sum_{d\mid n}$ は n のすべての約数についての和を表す。

$\sigma_0(n) = d_1{}^0 + d_2{}^0 + \cdots\cdots + d_s{}^0 = 1 + 1 + \cdots\cdots + 1$
    $=$ (すべての約数の個数)

$\sigma_1(n) = d_1 + d_2 + \cdots\cdots + d_s =$ (すべての約数の和)

$\sigma_2(n) = d_1{}^2 + d_2{}^2 + \cdots\cdots + d_s{}^2 =$ (すべての約数の2乗の和)

例 $\sigma_0(20) = \# \{1, 2, 4, 5, 10, 20\} = 6$

$\sigma_1(20) = 1+2+4+5+10+20 = 42$

$\sigma_2(20) = 1^2 + 2^2 + 4^2 + 5^2 + 10^2 + 20^2 = 546$

$\#$ は，あとに書いた集合 $\{\cdots\}$ の要素の個数を示す。

倍数の個数

例 7の倍数は $14, 21, 28, 35, 42, \cdots\cdots$ で，限りなく続く。

約数は有限個だが，ある数の倍数は無限にある。しかし範囲を限って，

「1から100までの間の7の倍数」

というのなら意味がある。これはいくつだろうか（1つ2つと数えてはだめ）。

$$1\ 2\ 3\ 4\ 5\ 6\ 7\ 8\ 9\ 10\ 11\ 12\ 13\ 14\ 15\ 16\ \cdots\cdots$$
* *

のように7は7つ毎にあるから，全体の7分の1で，個数は$\frac{100}{7}$としたいのだが，これは14.2……だから，端数を切り捨てて14個とする。つまり$\frac{100}{7}$の整数部分をとればよい。これを$\left[\frac{100}{7}\right]$と書き，**ガウスの記号**という。

一般に，1からnまでの間の整数の中のaの倍数の個数とaで割り切れない整数の個数は，それぞれ

$$\left[\frac{n}{a}\right] \qquad\qquad n-\left[\frac{n}{a}\right]$$

である。これらも第7章で詳しく研究する。

●**問** 3桁の整数の中に，13の倍数はいくつあるか。

例 1から100までの間の整数で，5でも7でも割り切れない整数はいくつあるか。

100から5の倍数と7の倍数を引けばよい。といって，

$$100-\left[\frac{100}{5}\right]-\left[\frac{100}{7}\right]=100-20-14=66(個)$$

これでお終いにしてはお粗末だ。

5と7に共通な倍数を2重に引いているから，5×7＝35の倍数を戻す。正しくは，

$$100-\left[\frac{100}{5}\right]-\left[\frac{100}{7}\right]+\left[\frac{100}{5\cdot 7}\right]=100-(20+14)+2$$
$$=68(個)$$

「1から100までの間の整数で，2でも3でも5でも割り切れない整数はいくつか」というときには，$2\cdot 3\cdot 5=30$ の倍数も考えなければならない。

このように，含む含まれるの関係を考慮しながら足したり引いたりして計算する方法を**包除原理**ということがある。これも第7章の研究とする。

階乗の中の倍数

$1\cdot 2\cdot\cdots\cdot n$ を n の階乗といって $n!$ と書く。例えば，
$$10!=1\cdot 2\cdot 3\cdot 4\cdot 5\cdot 6\cdot 7\cdot 8\cdot 9\cdot 10=3628800$$
$$20!=2432902008176640000$$
である。0の階乗は1と定める。すなわち，$0!=1$。

いま，100! を計算して因数分解したときの因数7のベキ指数，いい換えれば，100! を割る7の最大ベキを調べておこう。包除原理の応用である。

1から100までの間の数に，

1 2……6 7 8……13 14……48 49 50……97 98 99 100
　　　　　＊　　　　＊　　　　＊　　　　＊
　　　　　　　　　　＊　　　　＊

のように7の倍数に＊をつけてみる。二重に付いているのもある。＊は7つごと，＊＊は $49=7^2$ ごとだから，因数7の個数は，

$$\left[\frac{100}{7}\right]+\left[\frac{100}{49}\right]=14+2=16$$

となる。つまり100！を割りきる 7^k の最高の k の値は16だから、素因数分解すれば、

$$100! = \cdots\cdots 7^{16} \cdots\cdots$$

ということになる。

100！でなくて1000！ならば、$7^3 = 343$ の倍数も考えなければいけない。これはいくつか。

そこで、一般には、$n!$ に含まれる a の最高ベキ指数は、

$$\left[\frac{n}{a}\right] + \left[\frac{n}{a^2}\right] + \left[\frac{n}{a^3}\right] + \cdots\cdots = \sum_{k=1}^{\infty}\left[\frac{n}{a^k}\right]$$

扱いを便利にするために、形式上、和を∞まで書いてあるが、実際には a^k が n を超えない k までである。

●問　100！の最後には0がいくつ並ぶか。

約数・倍数の問題はこのほかにもたくさんあるが、第5章の合同式を利用した方が見通しよくスッキリと解けるので、そこまで待つ。

ハッセのダイヤグラム

約数と倍数の関係を、次のように書くとわかりやすい。

（1）　b が a の約数であるとき、a を上方に b を下方に書いて線分で結ぶ。
（2）　もしも、a と b の間の約数を示す必要があるときには、それらを a と b の間に入れて、線分で結ぶ。
（3）　倍数・約数の関係がないときには、線分で結ばない。

これを**ハッセのダイヤグラム**（Hasse's Diagram）とい

第3章●最大公約数

うことがある。

次は，72の12個の約数，

$\{1, 2, 3, 4, 6, 8, 9, 12, 18, 24, 36, 72\}$

の間のハッセのダイヤグラムである。

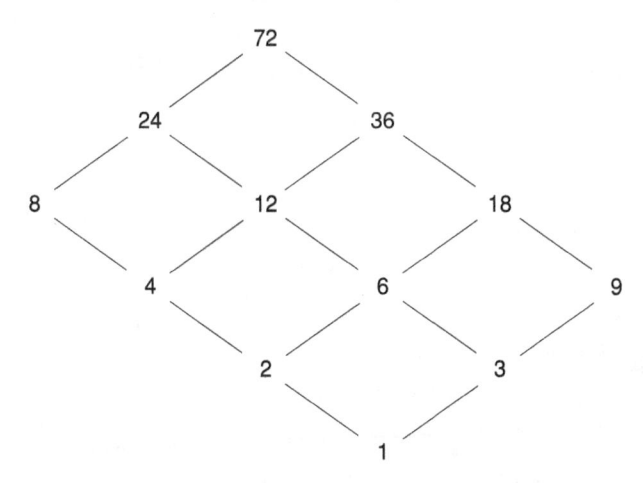

```
              72
         24        36
      8      12       18
         4       6       9
             2      3
                1
```

約数・倍数の関係が複雑な場合，ある性質の証明を考えるときにこの図が助けになることがある。

約数と倍数について，ほとんど明らかなことを2つ。

・100は50で割り切れる（商は2）
・50は25で割り切れる（商は2）
・そこで，100は25で割り切れる（商は $2 \times 2 = 4$）

これは一般にも成り立つ。「こんな明らかなことも証明するのか」という方もいるかも知れない。然り。数学とはそういうものだから。

77

T 3-1

$c \mid b$, $b \mid a$ ならば $c \mid a$。

証明 $c \mid b$ だから，$b=cs$ のような整数 s がある。
$b \mid a$ だから，$a=bt$ のような整数 t がある。
代入すれば，
$$a=(cs)t=c(st)$$
st は整数だから，a は c で割り切れる。 ◆

そこで，$c \mid b \mid a$ と続けて書くこともある。

T 3-2

$c \mid a$, $c \mid b$, k が整数ならば，
$$c \mid a+b, \quad c \mid ka \tag{1}$$
まとめると，k と l が整数ならば，
$$c \mid ka+lb \tag{2}$$

●**注意** (2)で $k=l=1$ とすれば (1) の前の式に，$l=0$ とすれば (1) の後の式になる。

●**問** (2)を証明せよ。

約数を見つける

大きな整数の小さな約数を見つける方法がいくつかあるが，これも第5章の合同式を使った方がスッキリするが，

なるべく早く使いたいので，1つだけ（p.149参照）。

10進5桁の正整数nの各桁の数字を並べて$n=abcde$と書く。

$$n = 10000a + 1000b + 100c + 10d + e$$
$$= 9(1111a + 111b + 11c + d) + s(n),$$
$$s(n) = a + b + c + d + e$$

そこで，

$$9 \mid n \Leftrightarrow 9 \mid s(n), \quad 3 \mid n \Leftrightarrow 3 \mid s(n)$$

この判定法を **9去法** という。

例 $n = 31415928$,
$s(n) = 3+1+4+1+5+9+2+8 = 33$
$s(s(n)) = 3+3 = 6$
そこで，nは3では割り切れるが，9では割り切れない。

証明とは

老婆心のようであるが，初学の方にちょっと。

数学は定義から始まる。ポアンカレは「全知全能の神ならば，定義を見ただけで，これから生じるすべての定理が見通せるであろう」という意味のことをいっている。

定義の理解があやふやでは証明どころではない。しかし神ならぬわれわれは，定義の言葉だけ覚えてもだめ。自分でいろいろな数値例で試して，

「なるほど，そういうことをいっているのか。わかった！」

というように理解してもらいたい。

公約数と公倍数

> **D 3-2**
>
> 2つの整数 a, b に対して，a の約数でもあり b の約数でもある整数を，a と b の**公約数**という。
>
> a の倍数でもあり b の倍数でもある整数を，a と b の**公倍数**という。

前に注意したように，正整数だけを考える。公約数も公倍数も記号はない。

1はいつも公約数である。0はいつも公倍数であるが，普通はこれを除く。

例　　　24の約数は　1, 2, 3, 4, 6, 8, 12, 24
　　　　　36の約数は　1, 2, 3, 4, 6, 9, 12, 18, 36
　　　　　公約数は　　1, 2, 3, 4, 6, 12

である。p.77のハッセのダイヤグラムで，24の下方に線分で結ばれている数が24の約数全体で，36の下方に線分で結ばれている数が36の約数であるから，公約数は，12と12の下方に共通に線分で結ばれている数1, 2, 3, 4, 6だ。

公倍数も同様に，例えば2と9の公倍数は，同じハッセのダイヤグラムで共通の親の一番小さいのが18で，18の上方にある36，72，……がすべて2と9の公倍数である。

24や36は小さいから，素因数分解して公約数や公倍数が求められた。大きい数では素因数分解はなかなかたいへんだ。もっと有効な方法は，すぐあとで研究する。

次は明らかであろう。

T 3-3

a, b の公約数の約数はすべて a, b の公約数である。

T 3-4

a, b の公倍数の倍数はすべて a, b の公倍数である。

●問　練習のため，上の2つを証明してみよ。

3-2 最大公約数

最大公約数

a, b の公約数がたくさんあっても，どれも a と b を超えないから，最大のものがある。

D 3-3

2つの整数 a, b の公約数の中で最大のものを a, b の**最大公約数**といい，(a, b) と書く。

最大公約数が1である2整数は**互いに素**であるという。

もちろん $(a, b) = (b, a)$ である。

a, b の公倍数はいくらでも大きいものがあるが，a, b より小さくはないから，最小のものがある。

D **3-4**

2つの整数 a, b の公倍数の中で最小のものを a, b の**最小公倍数**といい，$\{a, b\}$ と書く。

もちろん $\{a, b\} = \{b, a\}$ である。

最大公約数 (Greatest Common Divisor) は GCD, gcd

最小公倍数 (Least Common Multiple) は LCM, lcm

●**注意** 最大公約数の記号 (a, b) はほとんど定まっている。最小公倍数の記号は著者によっていろいろだが，$\{a, b\}$ に定まりつつあるようだ。

集合を表すのに $\{\cdots\}$ を使うことがあるが，前後の記述から，最小公倍数と混同することはない。

2つの正整数440と380の最大公約数を，あなたはどうやって求めるだろうか。とにかく公約数つまり共通の約数を求めることからはじめるに違いない。

例えば，次のように2つ並べて，素数で順に割ってみるのである。

$$\begin{array}{r|rr} 2 & 440 & 380 \\ 2 & 220 & 190 \\ 5 & 110 & 95 \\ \hline & 22 & 19 \end{array}$$

そこで，左側に出した共通な因数を掛けて，

$$(a, b) = 2 \times 2 \times 5 = 20$$

が最大公約数で、公約数は 2, 2, 5 から生じた、2, 4, 5, 10, 20 の 5 個である。

あるいは同じことだが、440 と 380 を別々に、
$$440 = 2^3 \cdot 5 \cdot 11, \quad 380 = 2^2 \cdot 5 \cdot 19$$
のように素因数分解して考える方もいるかもしれない。しかし、大きい整数の因数分解はなかなかたいへんである。
$$a = 12345678, \quad b = 87654321$$
の素因数分解など手を付ける気が起こらないだろう。

日本の小・中・高の数学教育では、不思議なほど整数論が抜けているから、大学に入ってきても、公約数・公倍数・最大公約数・最小公倍数などの知識は、小学校で教わったままだ。最大公約数を求めるには、2000年以上も昔から実に巧みな方法が考えられているが、もちろん知らない学生が多い。これを使うと上の、
$$(12345678, 87654321)$$
なども、普通の電卓で数分でできる。この方法を**ユークリッドの互除法**という。

3-3 ユークリッドの互除法

そのスッキリした手順といい、スタイルの美しさといい、実効性といい、初等整数論の中の白眉である。

平面上で 2 辺が 33 と 78 の長方形を、正方形に分割することを考える。もちろん 1 辺が 1 の正方形 2574 個に分割できるのは当然だから、できるだけ大きな正方形にしたい。容易にわかるように、33 と 78 の最大公約数 3 の正方形にすればよさそうだ。これを次のように考える。

まず，この長方形からできるだけ大きな正方形を切り取る。

1辺33の正方形が2つとれて，残りは33×12。これから1辺が12の正方形が2つとれて，残りは12×9。1辺9の正方形が1つとれて，残りは9×3。最後に1辺3の正方形が3つとれて終わり。

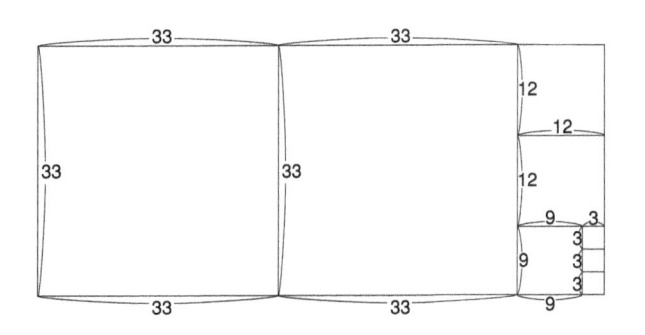

最大公約数は3で，1辺3の正方形286個に分割できた。

以上を計算式で書いてみると，

例1.
$$78 = 33 \times 2 + 12$$
$$33 = 12 \times 2 + 9$$
$$12 = 9 \times 1 + 3$$
$$9 = 3 \times 3$$

最後の割り切れたときの除数3が最大公約数である。

$$(78, 33) = 3$$

この方法を**ユークリッドの互除法**または簡単に**互除法**という。p.82の例をこの方法でやってみよう。

ユークリッドとユークリッド原論

　ユークリッドは，B.C.300年頃の古代ギリシャの数学者である。自分の研究とそれまで知られていた発見を集大成して，不朽の著作『ユークリッド原論』を残した。以前は『幾何学原論』と訳されていたが，幾何学だけでなく整数論の章がいくつもある。

　以前,「ユークリッド原論の翻訳がないのは文明国とはいえない」ということで，岩波文庫に入れる計画があったそうだが，取りやめになった。30年ほど前に，完全な翻訳が出た[Na]。

『ユークリッド原論』は，最初にいくつかの定義と公理を明示し，あとは厳密な推論によって定理と証明を積み重ねている。もちろん，現代の立場から見れば理論的な欠陥はあるが，それまで測地術であった幾何学を純粋な学問に飛躍させ，その後の数学以外の著作にも大きな影響を与えた [Na]。

　ここで説明した「互除法」は第3巻の命題2である。そこでの証明は長いので引用することはできない。もちろん現代の数学のようなすっきりした書き方ではないが，十分に理解でき，かつ厳密なものである。ほとんどそのままを現代風に書き直したのが前述の証明である。ぜひ直接 [Na] で研究していただきたい。

　ユークリッド原論にはこの後も何回も言及する機会がある。

例2. $\qquad a=440,\ b=380$

であった。

$$440 = 380 \times 1 + 60$$
$$380 = 60 \times 6 + 20$$
$$60 = 20 \times 3$$

割り切れたときの最後の除数20が440と380の最大公約数である：

$$(440, 380) = 20$$

例3. p.83の巨大数，

$$(12345678,\ 87654321)$$

に挑戦してみよう。

$$87654321 = 12345678 \times 7 + 1234575$$
$$12345678 = 1234575 \times 9 + 1234503$$
$$1234575 = 1234503 \times 1 + 72$$
$$1234503 = 72 \times 17145 + 63$$
$$72 = 63 \times 1 + 9$$
$$63 = 9 \times 7$$

そこで，わずか6回で，

$$(12345678,\ 87654321) = 9$$

小さい方からはじめれば，最初に0が立ち，あとは同じ。

以下いくつか計算を楽しんでいただきたい。

●**問** 最大公約数を求めよ。

$\quad (2688,\ 2121) \qquad (3141592,\ 271828)$

第3章●最大公約数

最大公約数が求められるわけ

計算ばかりしてきた。このような方法で最大公約数が求められる根拠を考えよう。その基礎は次の定理である。

> **T 3-5**
>
> a, b を任意の整数とする。
> (1) $(a, b) = (b, a)$
> (2) $(a, b) = (a-b, b) = (a-2b, b) = (a-3b, b) = \cdots\cdots$

証明 (1) は明らかである。

(2) a, b の公約数を d とする。$d \mid a$, $d \mid b$ だから，$d \mid a-b$。そこで，d は $a-b$ と b の公約数である。

逆に $a-b$ と b の公約数を e とする。$e \mid a-b$, $e \mid b$ だから，$e \mid (a-b)+b$ で $e \mid a$。そこで，e は a と b の公約数である。

公約数の全体が一致するから，最大公約数も一致して，

$$(a, b) = (a-b, b)$$

繰り返して，

$$(a, b) = (a-b, b) = (a-2b, b) = (a-3b, b) = \cdots\cdots \quad \blacklozenge$$

さて，互除法で割り切れたときの最後の除数（割った数）が最大公約数になることを証明しておく。

a, b を正整数とする。除算アルゴリズムによって，

$$a = bq + r, \ 0 \leq r < b \tag{1}$$

このとき，T3-5 によって，
$$(a, b) = (a-bq, b) = (b, r)$$
ということがわかる。p.84の例でいうと，
　　　$78 = 33 \times 2 + 12$　で　$(78, 33) = (33, 12)$
である。

どうしてこの関係が重要かというと，(1) で，$a \geq b$，$b > r$ であるから，扱う数たちが小さくなっているから。

さて，一般論を書いておく。

記号を整理。文字には添え字をつける。

$a = bq_1 + r_1$　　　$(0 < r_1 < b)$,　　$(a, b) = (b, r_1)$
$b = r_1 q_2 + r_2$　　$(0 < r_2 < r_1)$,　$(b, r_1) = (r_1, r_2)$
$r_1 = r_2 q_3 + r_3$　　$(0 < r_3 < r_2)$,　$(r_1, r_2) = (r_2, r_3)$
　……　　　……　　　……
$r_i = r_{i+1} q_{i+2} + r_{i+2}$ $(0 < r_{i+2} < r_{i+1})$, $(r_i, r_{i+1}) = (r_{i+1}, r_{i+2})$
　……　　　……　　　……
$r_{n-2} = r_{n-1} q_n + r_n$, $(0 < r_n < r_{n-1})$, $(r_{n-2}, r_{n-1}) = (r_{n-1}, r_n)$
$r_{n-1} = r_n q_{n+1}$　　　　　　　　　　　$(r_{n-1}, r_n) = r_n$

$(n+1)$ 回目で割り切れたとすると，

r_n が最大公約数となる。　　　　　　　　　　　◆

互除法は，

1. 計算手順が決まっていて，途中で迷うことがない。
2. たいへん早く終わる。
3. 必ず有限回で終わる。

などの点で，非常に優れたアルゴリズムである。

第3章 ● 最大公約数

計算回数の見積もり

互除法は何回くらいで終わるだろうか。例3では，a も b もたいへん大きな数であったが，早く終わってしまった。しかし，次の例のように，小さい数なのにかなり長くかかる場合もある。

例4． $a=377, b=233$ のとき

$$
\begin{aligned}
377 &= 233 \cdot 1 + 144 \\
233 &= 144 \cdot 1 + 89 \\
144 &= 89 \cdot 1 + 55 \\
89 &= 55 \cdot 1 + 34 \\
55 &= 34 \cdot 1 + 21 \\
34 &= 21 \cdot 1 + 13 \\
21 &= 13 \cdot 1 + 8 \\
13 &= 8 \cdot 1 + 5 \\
8 &= 5 \cdot 1 + 3 \\
5 &= 3 \cdot 1 + 2 \\
3 &= 2 \cdot 1 + 1 \\
2 &= 1 \cdot 2
\end{aligned}
$$

a と b が小さいのに非常に長くなった理由は，商がいつも1で，数値があまり減っていかない点にある。ここに現れる数列は，

1, 1, 1+1=2, 1+2=3, 2+3=5, 3+5=8, 5+8=13

のように，

$$f_n = f_{n-2} + f_{n-1}$$

という関係で作られている。これを**フィボナッチ数列**という。だから，かなり先までフィボナッチ数列の表を作っておき，それと比較すれば互除法の計算回数の上限の見積も

りができる。なお,

ラメの定理：a と b に互除法を行ったときの割り算の回数は b の桁数の 5 倍を超えない。

がある。

いくつかの性質

p.82 の計算図式,

$$\begin{array}{r|rr} 20) & 380 & 440 \\ \hline & 19 & 22 \end{array}$$

から,380 と 440 の,

最大公約数 $d = 20$

最小公倍数 $m = 20 \cdot 19 \cdot 22 = 8360$

であった。$380 = d \cdot 19$,$440 = d \cdot 22$ だが,この 19 と 22 の間にはもはや公約数はない(もしもあれば,最大公約数をもっと大きくできる)。

T 3-6

2 つの整数 a と b の最大公約数を d とし,
$$a = a_1 d, \quad b = b_1 d \tag{$*$}$$
と置くと,a_1 と b_1 は互いに素である。

証明 a_1, b_1 に公約数 $d_1 > 1$ があったとすると,
$$a_1 = d_1 r, \quad b_1 = d_1 s$$
$(*)$ に代入すれば,
$$a = (d_1 r) d = (d_1 d) r, \quad b = (d_1 s) d = (d_1 d) s$$
そこで,$d_1 d (> d)$ が a と b の公約数になる。これは,d

が最大公約数であることに矛盾する。　　　　　　　　◆

T 3-7

2つの正整数a, bの最小公倍数をmとする。
(1) 最小公倍数mの倍数はa, bの公倍数である。
(2) a, bの公倍数m_1はすべて最小公倍数mの倍数である。

証明 (1)は明らかである。核心は(2)にある。

(2) m_1がmの倍数であることを示したいのだから、除算アルゴリズムを使って、m_1をmで割る。
$$m_1 = qm + r, \ 0 \leq r < m$$
とする。

$$a \mid m, \ a \mid m_1 \text{ だから、} a \mid r$$
$$b \mid m, \ b \mid m_1 \text{ だから、} b \mid r$$

で、rはa, bの公倍数である。このrは最小公倍数mより小さいから、$r=0$でなければならない。

$m_1 = qm$ となり、m_1はmの倍数である。　　　　◆

T 3-8

2つの正整数a, bの最大公約数をdとする。
(1) 最大公約数dの約数はa, bの公約数である。
(2) a, bの公約数d_1はすべて最大公約数dの約数である。

証明 （1）は明らか。核心は（2）にある。

（2） d_1 と d の最小公倍数を $m=\{d_1, d\}$ とする。当然 $m \geq d$ である。$m \leq d$ を証明すれば，$m = d$，すなわち $m = d$，$d_1 \mid d$ である。

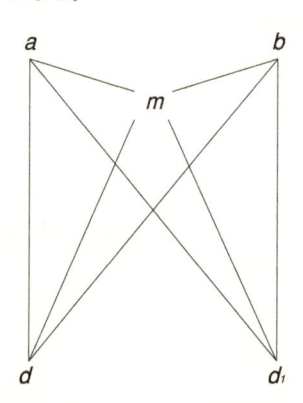

a b

m

d d_1

$d_1 \mid a$，$d \mid a$ だから，a は d_1 と d の公倍数で，d_1 と d の最小公倍数 m の倍数である：$m \mid a$。

b についても同様である：$m \mid b$。そこで，m は a, b の公約数だから，最大公約数 $(a, b) = d$ より小さいのだから，$m \leq d$。

前とあわせて $m = \{d_1, d\} = d$ で，$d_1 \mid d$ ◆

次は重要であり，役に立つ。

T 3-9

2つの正整数を a, b，それらの最大公約数を d，最小公倍数を m とすると，
$$md = ab$$

第3章●最大公約数

証明　a, b のある公倍数 m_1 は a と b の倍数だから,
$$m_1 = ak = bl \quad (*)$$
$a = a_1 d$, $b = b_1 d$ と置き, ($*$) に代入して,
$$a_1 k = b_1 l$$
p.99で証明するT3-12により, $b_1 \mid k$, $k = b_1 t$ だから,
$$m_1 = a_1 b_1 dt = \frac{ab}{d} t$$
これが a と b の公倍数の一般形である。そこで, 最小公倍数は $t = 1$ と置いて,
$$m = \frac{ab}{d} \quad \text{から} \quad md = ab$$
　　◆

特に, $(a, b) = 1$ ならば,
$$\{a, b\} = ab$$

言い訳　あとのT3-12を使って, このT3-9を証明したが, T3-12を証明するときに, このT3-9とその帰結は使われていないから, 循環論法ではない。

　最小公倍数を計算するには, 互除法で最大公約数を求めてから上の関係を使うとよい。

例　380と440の最大公約数は20だから, 最小公倍数は,
$$m = \{380, 440\} = 380 \times 440 \div 20 = 8360$$

加速互除法

　今までの議論は, すべて除算アルゴリズム,
$$a = bq + r, \quad 0 \leq r < b \quad (*)$$
をもとにしてきた。ところで, p.33で絶対値最小剰余というのに触れた。これは,
$$a = bq + r, \quad 0 \leq |r| \leq \frac{b}{2}$$
のような q と r を選ぶ方法であった。

これを使うと，(*)よりも余りの絶対値が小さい（大きくない）から，割り算の連続である互除法が早く終わる可能性がある。試しに，p.89 での長い計算例4：
$$a=377, \quad b=233$$
をこの方法で計算してみよう。

前回の1回目の余り144は144＞233÷2なので，2をたてて，余りを(-89)とする。以下同様に計算すると，

$$377 = 233 \cdot 2 + (-89)$$
$$233 = (-89)(-3) + (-34)$$
$$-89 = (-34) \cdot 3 + 13$$
$$-34 = 13 \cdot (-3) + 5$$
$$13 = 5 \cdot 3 + (-2)$$
$$5 = (-2)(-3) + (-1)$$
$$-2 = (-1) \cdot 2$$

$(377, 233) = |-1| = 1$である。
前の方法では12回かかったが，今度は7回で済んだ。この方法を（ここだけだが）**加速互除法**と呼ぶことにする。

●**問** これまでの例を，加速互除法で計算し，回数を比較してみよ。

3-4 互除法の応用

ユークリッドの互除法によって，2つの正整数の最大公約数dが求められた。aとbが与えられれば最大公約数dが定まるのだから，dはa, bの関数である。どんな関数だろうか。

d は a と b に加算と減算を施して得られたのだから，d は a と b の線形結合に違いない．つまり，

$$d = ax + by$$

の形であろう．x と y を定めよう．

p.86 の問はやってあると思うが，そこでの計算を余りを主にして書き直す．$a=2688$, $b=2121$ とする．

$$567 = a - b \cdot 1 \tag{1}$$
$$420 = b - 567 \cdot 3 \tag{2}$$
$$147 = 567 - 420 \cdot 1 \tag{3}$$
$$126 = 420 - 147 \cdot 2 \tag{4}$$
$$d = 147 - 126 \cdot 1 \tag{5}$$

(1)の567を(2)に代入する．

$$420 = b - (a-b)3 = -3a + 4b \tag{6}$$

(6)と(1)を(3)の右辺に代入すると，

$$147 = 4a - 5b \tag{7}$$

(7)と(6)を(4)に代入すると，

$$126 = -11a + 14b \tag{8}$$

(8)と(7)を(5)に代入すると，

$$d = 15a - 19b$$

これが求める結果である．

計算は逆の方向からでもできる．各自計算してみよ．

このような方法で，最大公約数 d を a と b で表すことができる．

プログラムを書こうという人のために，一般論．

計算が $(s+1)$ 回で終わったとすると，

$$r_1 = a - bq_1 \tag{1}$$
$$r_2 = b - r_1 q_2 \tag{2}$$

$$r_3 = r_1 - r_2 q_3 \qquad (3)$$

…… ……

$$r_i = r_{i-2} - r_{i-1} q_i \qquad (\text{i})$$

…… ……

$$r_{s-1} = r_{s-3} - r_{s-2} q_{s-1}$$
$$d = r_{s-2} - r_{s-1} q_s$$

ここで,
$$r_i = x_i a + y_i b$$
として, x_s と y_s を求めればよい.

まず,

$r_1 = 1 \cdot a - b q_1$ から $x_1 = 1, \ y_1 = -q_1$

(1)を(2)に代入すると,

$$r_2 = b - (a - b q_1) q_2 = -a q_2 + b(1 + q_1 q_2) \qquad (4)$$

そこで,

$$x_2 = -q_2, \ y_2 = 1 + q_1 q_2$$

これらが初期条件である.

一般に, r_i が a, b で表せたとして,

$$r_i = x_i a + y_i b \qquad (5)$$

と置いて, x_i と y_i の漸化式を作ろうと思う.

$$r_{i-2} = x_{i-2} a + y_{i-2} b$$
$$r_{i-1} = x_{i-1} a + y_{i-1} b$$
$$r_i = x_i a + y_i b$$

これらを(i)に代入して,

$$x_i a + y_i b = x_{i-2} a + y_{i-2} b - (x_{i-1} a + y_{i-1} b) q_i$$

両辺の a と b の係数を比較すれば,

$$x_i = x_{i-2} - x_{i-1} q_i \qquad (i \geq 3)$$
$$y_i = y_{i-2} - y_{i-1} q_i$$

第3章●最大公約数

このように順に x_3, x_4, ……, y_3, y_4, …… と計算していけば、最後に、
$$d = xa + yb$$
と表せるような x と y が求められる。

これを d の表示式という。

T 3-10

2正整数 a, b の最大公約数を d とする。
$$ax + by = d$$
のような整数 x と y が存在する。

特に、a と b が互いに素すなわち $(a, b) = 1$ のときには、
$$ax + by = 1$$
のような整数 x, y が存在する。

「存在する」といったが、前述の証明を見れば、実際に x と y を求める手順も示されている。第6章で1次不定方程式や1次合同方程式を解く場合に頻繁に使われる。

次の方程式は、式は1つなのに、未知数が2つある。1次不定方程式といって、p.177で研究するが、d の表示式を使う例としてここで挙げる。

例
$$25x + 21y = 1$$
のような整数 x, y を求めよ。

$(25, 21) = 1$ であり、d の表示式によって（読者は計算してみよ）、
$$1 = 25(-5) + 21 \cdot 6$$

が得られるから,
$$x=-5, \quad y=6$$
が1つの解である。

● **注意** あとで詳しく研究するように,解は無数にあり,-5 と 6 はそれらの内の1組である。

3-5 いろいろな定理

いろいろな定理

以下では,ローマ小文字は整数を表す。いちいち断らない。素数は次節で詳しく研究するテーマであるが,ここでは,定義:

1以外で1と自身以外に約数がない正整数が素数

くらいを知っていればよい。

T 3-11

$$(ak, bk) = k(a, b)$$

証明 (a, b) を求める互除法の各式の両辺に,
$$ka = (kb)q_1 + kr_1$$
$$kb = (kr_1)q_2 + kr_2$$
$$kr_1 = (kr_2)q_3 + kr_3$$
$$\cdots\cdots \quad \cdots\cdots$$
$$kr_{s-1} = (kr_s)q_{s+1}$$

のように k をかけると (ak, bk) を求める互除法が得ら

れる。これは，ka, kb の最大公約数が kd であることを示す。

T 3-12

a と b は互いに素すなわち $(a, b)=1$ のとき，
$a \mid bc$ ならば，$a \mid c$

証明 $(a, b)=1$ だから，
$$ax+by=1$$
のような x と y が存在する。

両辺に c を掛けると，
$$acx+bcy=c$$

第1項は a で割り切れる。第2項は仮定によって a で割り切れる。したがって，右辺 c も a で割り切れる。 ◆

T 3-13

p を素数とする。
$p \mid ab$ ならば $p \mid a$ あるいは $p \mid b$

証明 素数 p の約数は 1 か p である。

$p \mid a$ ならばそれでよし。$p \mid a$ でなければ，$(p, a)=1$ だから，T3-12によって $p \mid b$ である。 ◆

この2つの定理は基本定理に匹敵するほど重要であることがだんだんとわかる。

T 3-14

p を素数とする。$p \mid abc$ ならば
$$p \mid a \text{ あるいは } p \mid b \text{ あるいは } p \mid c$$

T 3-15

p_1, p_2 を異なる素数とする。
$$p_1 \mid n, \ p_2 \mid n \text{ ならば } p_1 p_2 \mid n$$

証明　　$n = p_1 s = p_2 t$
$(p_1, p_2) = 1$ だから，$p_1 \mid t$, $t = p_1 u$, $n = p_1 p_2 u$。そこで，
$$p_1 p_2 \mid n$$
となる。　◆

T 3-16

$(b, c) = 1$ ならば $(a, b) = (ac, b)$

証明　略（ヒント）　$(a, b) = r, (ac, b) = s$ と置いて，整除の関係を利用せよ。

3つ以上の整数の最大公約数

公約数・最大公約数・公倍数・最小公倍数の定義は2整数の場合と同様である。もちろん，

第3章 最大公約数

$$(a, b, c) = (a, c, b) = (c, a, b)$$
$$= (c, b, a) = (b, a, c) = (b, c, a)$$
$$\{a, b, c\} = \{a, c, b\} = \{c, a, b\}$$
$$= \{c, b, a\} = \{b, a, c\} = \{b, c, a\}$$

である。

2整数の場合の互除法に似た方法もあるが，次のようにするのがよい。

T 3-17

3つの正整数を a, b, c とする。
(1) 最大公約数について，$(a, b, c) = ((a, b), c)$
(2) 最小公倍数について，$\{a, b, c\} = \{\{a, b\}, c\}$

証明 (1) $(a, b, c) = d_1$, $(a, b) = e_1$, $(e_1, c) = f_1$
と置く。

$d_1 \mid a,\ d_1 \mid b,\ d_1 \mid c \Rightarrow d_1 \mid e_1 \Rightarrow d_1 \mid (e_1, c) \Rightarrow d_1 \mid f_1$
$f_1 \mid e_1 \mid a,\ f_1 \mid e_1 \mid b,\ f_1 \mid c \Rightarrow f_1 \mid (a, b, c) \Rightarrow f_1 \mid d_1$

(2) $\{a, b, c\} = d_2$, $\{a, b\} = e_2$, $\{e_2, c\} = f_2$
と置く。

$a \mid d_2,\ b \mid d_2,\ c \mid d_2 \Rightarrow e_2 \mid d_2 \Rightarrow \{e_2, c\} \mid d_2 \Rightarrow f_2 \mid d_2$
$a \mid e_2 \mid f_2,\ b \mid e_2 \mid f_2,\ c \mid f_2 \Rightarrow \{a, b, c\} \mid f_2 \Rightarrow d_2 \mid f_2$ ◆

●**注意** (1) と (2) を比べると，| の左右がちょうど逆になっていることに気がつく（そのように書いたのだが）。つまり，《割れる》，《割られる》の関係が対称的になっている（次ページの図参照）。数学ではこのような関係

を双対的といって、多くの例がある。T3-7 と T3-8 もそうである。

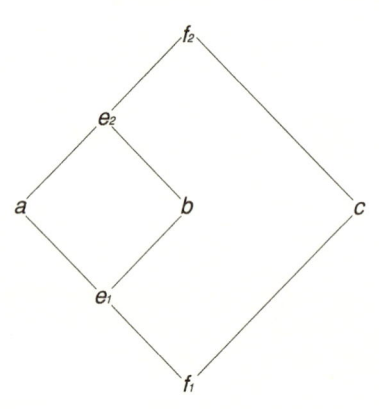

例　$a=12$, $b=34$, $c=57$ の最大公約数と最小公倍数
$(12, 34, 57) = ((12, 34), 57) = (2, 57) = 1$
$\{12, 34, 57\} = \{\{12, 34\}, 57\} = \{204, 57\} = 3876$

T 3-18

a, b, c のどの2つも互いに素であるときは，
$$\{a, b, c\} = abc$$

証明略

練習問題 3

Q1 1から100までの間の奇数の中に，3でも5でも7でも割り切れない数は何個あるか。

Q2 500！の終わりには，0がいくつ並ぶか。

Q3 $ad-bc=1$ であるとき，分数 $\dfrac{a+b}{c+d}$ は既約分数であることを示せ。

Q4 $(a, b)=1$ であるとき，次を証明せよ。
 (1) $(a+b, a-b) \leqq 2$
 (2) $(a+b, a-b, ab)=1$

Q5 次の各組の最大公約数を，互除法および加速互除法で求めよ。
 (1) $(182, 442)$
 (2) $(2311, 3701)$
 (3) $(12345, 67890)$
 (4) $(54321, 9876)$

Q6 2660, 2178, 3822の最大公約数を求めよ。

Q7 a, b, c のいずれか2つが互いに素ならば，
$$(a, b, c)=1$$
であることを証明せよ。

Q8 T3-18を証明せよ。

Q9 次の各組の最大公約数と最小公倍数を求めよ。
（1） 143と187 （2） 231と561 （3） 588と7546
（4） 119790と42900

Q10 a と b の小さくない方を $\max(a, b)$，大きくない方を $\min(a, b)$ と書くとき，次の関係を証明せよ。
（1） $\max(a+c, b+c) = \max(a, b) + c$
（2） $\min(a+c, b+c) = \min(a, b) + c$
（3） $\max(-a, -b) = -\min(a, b)$
（4） $\min(-a, -b) = -\max(a, b)$

Q11 p.84〜86の例1，2，3とp.89の4について，(a, b) を a，b で表せ。

Q12 T3-12〜T3-16で，もしも条件（仮定）のいくつかが満たされないときに，定理の結果は成り立つか。
　成り立つならばその証明を書け。成り立たないならば，成り立たないことを示す例（反例という）を書け。

Q13 $(a, b) = 18$, $\{a, b\} = 720$, $a < b$ である。a，b を求めよ。何組あるか。

Q14 和が104055で，最大公約数が6937であるような2数を求めよ。

第3章●最大公約数

Q15 2つの既約分数の和も積も整数ならば,どちらの分数も整数であることを証明せよ。

第4章 素　　数

「素数」というテーマが現れるまで，だいぶページがあったが，素数は整数の一部分だから，先ず整数を知らなければならなかったのである。やや進んだ研究は，第5章以降にゆずり，この章では素数の入り口だけにする。

4-1 素数，この玄妙なるもの

D 4-1

> 1より大きな正整数nが1とn自身以外に約数をもたないとき，nは**素数**であるという。
> 1でも素数でもない正整数を**合成数**という

13は1で割り切れる。もちろん13でも割り切れる。この他には約数はない。-1や-13も約数だが，p.71で注意したように，約数は正整数だけを考えている。よって，13は素数である。14はどうか。1と14のほかに2と7という約数がある。14は素数ではなくて，合成数である。

この定義は誰でも知っているであろう。英語では prime number，ドイツ語では Primzahl である。

ある正整数nが素数であるかないかは，どうすればわかるのか。これは大問題である。たいへん小さい数ならば，あらためて割り算をしてみなくても勘でわかるかも知れない。

第4章 素　数

ためしに、100までの素数をソラで書いてみてから、p.110の表と比較してみよ。25個あるはずである。いくつ当たったか。いくつ外れたか。

素数は定義が単純だから、すでに B.C. 300年ころに書かれた『**ユークリッド原論**』に現れている [Na]。原論をぜひ読んでいただきたい。

だんだん見ていくように、素数には今日でも未解決の問題がたくさんある。一般に数学の未解決問題といえば、普通はその意味を理解することさえも恐ろしく難しい。

序章で数学の7大難問というのに触れたが、その1つに、

ポアンカレ予想：S^n とホモトピー同値な閉 n- 多様体 M^n は S^n と同相である。

というのがある。これを読んでその意味と重要性を理解できるのは、数学の相当な素養を持った方であろう。

しかし初等整数論の場合には、その意味が中学生でも理解できる難問がたくさんある。有名な**フェルマー予想**は、

「$n \geq 3$ のとき、x, y, z の方程式：$x^n + y^n = z^n$ は正整数解を持たない」

で、意味は誰にでも理解できるが、証明されたのはそれが提示されてから約350年後の1994年のことである。

また、**双子素数**というのがある。

$$\{3, 5\}, \{5, 7\}, \{11, 13\}, \{17, 19\}, \{29, 31\}$$

のような、2つ違いの素数の組を双子素数という。私の手許に100000までの素数表があるが、奇しくもその最後の99989と99991は双子素数である。

さて「双子素数は無限にあるだろう」というのが双子素

数予想で，未解決である。

この他にも未解決問題がたくさんある［Gu］。

このように，問題の意味は誰でも理解できるので，熱心な人が数学の系統立った勉強もせずについ手を出して，泥沼に入り込む例はあとを絶たない。こわい。

4-2 素数表を作る

エラトステネスの篩（ふるい）

1から10000までの偶数の表などだれも作らないし，作っても使う人などいない。偶数は $2n$（n は整数）という式で表されるから，必要ならばいつでも作れる。

前ページで100までの素数を書いてもらった。範囲が少ないせいかも知れないが，出現の規則がわからない。そこで，とにかくもう少し大きな素数の表を作って観察しよう。

篩など，家庭では見かけないかもしれない。枠に細かい網が張ってあって，大きさが違う粉粒や砂粒をより分ける道具である。英語では sieve という。これからお話しするのは「エラトステネスの篩」といって，正整数の集合から素数だけを篩い出す方法である。エラトステネスは古代ギリシャの数学者の名前である。

例えば100までの素数表を作るとしよう。2以外の偶数は合成数に決まっているからはじめから除いて，3から99までの奇数だけを並べる。

第4章●素　数

```
      3   5   7   9  11  13  15  17  19
 21  23  25  27  29  31  33  35  37  39
 41  43  45  47  49  51  53  55  57  59
 61  63  65  67  69  71  73  75  77  79
 81  83  85  87  89  91  93  95  97  99
```

　最初の数3は素数だから，マークをつけて残す。3から先の3の倍数はもちろん合成数だから，それらはすべて消す。ここでは下線を引いておく。

```
      ③   5   7   9  11  13  15  17  19
 21  23  25  27  29  31  33  35  37  39
 41  43  45  47  49  51  53  55  57  59
 61  63  65  67  69  71  73  75  77  79
 81  83  85  87  89  91  93  95  97  99
```

　次に，残った最初の数5を残し，5の倍数をすべて消す。下線を引いておく。15などは下線が2本になる。

```
      ③   ⑤   7   9  11  13  15  17  19
 21  23  25  27  29  31  33  35  37  39
 41  43  45  47  49  51  53  55  57  59
 61  63  65  67  69  71  73  75  77  79
 81  83  85  87  89  91  93  95  97  99
```

　次に，残った最初の数7を残し，7の倍数をすべて消す。下線を引いておく。

```
      ③   ⑤   ⑦   9  11  13  15  17  19
 21  23  25  27  29  31  33  35  37  39
 41  43  45  47  49  51  53  55  57  59
 61  63  65  67  69  71  73  75  77  79
 81  83  85  87  89  91  93  95  97  99
```

109

次は，残った最初の数11を残して11の倍数を消す，という手順のはずだが，
・11の3倍は3の倍数として，すでに消えている。
・11の5倍は5の倍数として，すでに消えている。
　……　　　　……　　　　……
・11の11倍は100を超えて，範囲外である。
結局2乗が100を超えないところまで，つまり，100の平方根10までの素数を使って篩い出せばよい。

以上の操作で，消されずに残っているのが100までの素

	1	2	3	4	5	6	7	8	9	0
0:	2	3	5	7	11	13	17	19	23	29
1:	31	37	41	43	47	53	59	61	67	71
2:	73	79	83	89	97	101	103	107	109	113
3:	127	131	137	139	149	151	157	163	167	173
4:	179	181	191	193	197	199	211	223	227	229
5:	233	239	241	251	257	263	269	271	277	281
6:	283	293	307	311	313	317	331	337	347	349
7:	353	359	367	373	379	383	389	397	401	409
8:	419	421	431	433	439	443	449	457	461	463
9:	467	479	487	491	499	503	509	521	523	541
10:	547	557	563	569	571	577	587	593	599	601
11:	607	613	617	619	631	641	643	647	653	659
12:	661	673	677	683	691	701	709	719	727	733
13:	739	743	751	757	761	769	773	787	797	809
14:	811	821	823	827	829	839	853	857	859	863
15:	877	881	883	887	907	911	919	929	937	941
16:	947	953	967	971	977	983	991	997		

数である。これに 2 を付け加えれば25個あるはずである。

  2 3 5 7 11 13 17 19 23 29
 31 37 41 43 47 53 59 61 67 71
 73 79 83 89 97

 たいへん素朴な方法であるが，現在でも（もちろんコンピュータのお世話にはなるが），原理的にはよく使われる方法で，これが**エラトステネスの篩**の仕組みである。

 素数の研究には素数表が必要になるので，前ページに1000までの168個の素数の表を，巻末には10007までの1230個の素数の表を挙げておいた。

エラトステネス (B.C.267年～B.C.204年)

 エラトステネスは古代ギリシャの数学者で，かのアルキメデスと同時代の人である。エラトステネスはまた地球が球形であることを認めて，その大きさを推定した。

 地図を見るとわかるが，アフリカのアレクサンドリアとアスワンはだいたい同じ経線上にある（どうしてこれを知ったのだろうか）。アスワンは北回帰線上にあるから，夏至の日には日光は井戸の底まで差し込み，太陽が真上にあることがわかる。他方，アレクサンドリアでは太陽は南に傾いているので，その角度を測る。現在の単位で書くと，約7°30′ であったという。

 この 2 地点の間の距離は，当時 840km であることがわかっていた。地球の周囲の長さを x km とすると，

$$x : 840 = 360 : 7.5$$

という比例式が成り立つ。

$$x = 42320 \text{(km)}$$

となって，現在の値 40000km に驚くほど近い。

篩ったあと何個残るか

このような操作をして素数を篩い出したときに、何個の素数が残るだろうか。1つ2つと数えることをせずに知りたい。

それには、消される整数の個数を計算し、それを100から引いていけばよい。まず、

2の倍数は、2, 4, 6, ……, 98, 100 のように2つ毎にあるから、その個数は $\frac{100}{2}=50$(個)。

3の倍数は、3, 6, 9, ……, 96, 99 のように3つ毎にあるから、その個数は $\frac{100}{3}$ としたいところだが、これは、33.33…… と端数が出るから、端数を切り捨てれば33個、これは $\frac{100}{3}$ の整数部分である。これを $\left[\frac{100}{3}\right]$ と書き、**ガウス記号**あるいは**整数部分関数**という。

一般に、p の倍数は1から p ごとに並ぶから、その個数は $\left[\frac{100}{p}\right]$ である。

これだけ準備をしておいて、100までには、

2の倍数は $\left[\frac{100}{2}\right]=50$個、 3の倍数は $\left[\frac{100}{3}\right]=33$個

5の倍数は $\left[\frac{100}{5}\right]=20$個、 7の倍数は $\left[\frac{100}{7}\right]=14$個

あるので、合計117個だが、篩で除かれる個数はこれらよりもそれぞれ1つずつ少ない。1も除くから、結局除かれるのは114個である。

第4章 ● 素　数

　おや，100個を超えてしまった！　これでは引き過ぎである。p.109の操作で下に2重線が引いてあるのは2回引いて引き過ぎだから，元に戻す。それは何個あるか。

　素数2の倍数と素数3の倍数が重なるのは，2と3の最小公倍数である6の倍数のところで，これは，$\left[\dfrac{100}{6}\right]=$ 16個ある。これを2重に引いているから戻す。他も同様。

$$\{2,3\}=6,\ \left[\dfrac{100}{6}\right]=16(個)$$

$$\{2,5\}=10,\ \left[\dfrac{100}{10}\right]=10(個)$$

$$\{2,7\}=14,\ \left[\dfrac{100}{14}\right]=7(個)$$

$$\{3,5\}=15,\ \left[\dfrac{100}{15}\right]=6(個)$$

$$\{3,7\}=21,\ \left[\dfrac{100}{21}\right]=4(個)$$

$$\{5,7\}=35,\ \left[\dfrac{100}{35}\right]=2(個)$$

合計45個を戻す。

　まだ続く。戻し過ぎがある。3個の素数の倍数だ。

$$\{2,3,5\}=30,\ \left[\dfrac{100}{30}\right]=3(個)$$

$$\{2,3,7\}=42,\ \left[\dfrac{100}{42}\right]=2(個)$$

$$\{2,5,7\}=70,\ \left[\dfrac{100}{70}\right]=1(個)$$

合計6個である。

　$\{3,5,7\}=105>100$ だから，考えなくてもよい。

結局,100までで引き去った個数は 100－114＋45－6＝75(個) で,残った個数は 100－75＝25(個) となる。

この方法は一般的に実行できるのだが,作ろうとする素数表の範囲が大きくなると,素因数の個数とそれらの組み合わせが急激に増えて,コンピュータでもたいへんである。しかし考え方は重要であって,**包除原理**という。

包除原理の1つの応用

100までの正整数で100と互いに素な数,つまり100と公約数がない整数はいくつあるか。包除原理の応用である。

$100=2\cdot 2\cdot 5\cdot 5$ だから,2の倍数と5の倍数を取り除けば,残りの数は100と公約数がない。すなわち100と互いに素である。前ページの説明のように,100から2の倍数と5の倍数を引き,10の倍数を戻す。

$$100-\frac{100}{2}-\frac{100}{5}+\frac{100}{10}$$

ここで現れる分数はすべて割り切れて整数になるので,記号 [ ] は要らない。

$$=100(1-\frac{1}{2}-\frac{1}{5}+\frac{1}{10})=100(1-\frac{1}{2})(1-\frac{1}{5})=40$$

正整数 n と互いに素な正整数 $\leq n$ の個数を**オイラーの関数** $\varphi(n)$ という。これは初等整数論で非常に重要な関数である。詳しくは第7章で研究する。

素数を表す式

$2n+1$ という式の n にいろいろな整数値を代入すれば,すべての奇数ができ,すべての奇数はこのようにして発生

する。これと同じように，何かあるnの式のnにいろいろな整数を代入すると，いつも素数が生じるような，できればすべての素数が発生するようなうまい式はあるだろうか。これがあれば，素数表などはいらない。しかし，素数の並び方はいかにも不規則だから，とてもこのような式があるとは思われない。

次善の策として，なるべくたくさんの素数を生み出す式が考えられた。昔から有名なものとして，オイラーが考えたという，
$$f(n)=n^2+n+41$$
がある。nに$0, 1, 2, 3, \cdots\cdots, 39$を代入していくと，

41, 43, 47, 53, 61, 71, 83, 97, 113, 131,
151, 173, 197, 223, 251, 281, 313, 347, 383, 421,
461, 503, 547, 593, 641, 691, 743, 797, 853, 911,
971, 1033, 1097, 1163, 1231, 1301, 1373, 1447, 1523, 1601,

のような40個の値が得られるが，素数表であたってみると，すべて素数である。不思議だ。しかし，$n=41$を代入すれば，明らかに$f(41)$は41で割り切れて素数ではない。

もっと複雑な式ならばどうか。これは非常に難しい問題で，現在でも研究が続けられている [Wal]。

● 問　$n^2-79n+1601$で，nに$0, 1, 2, 3, 4, 5, 6, \cdots\cdots, 79$を代入して，いつも素数ができることを，素数表を参照して確かめよ。これを続けると，何個くらいまで素数ができるだろうか。

4-3 素数表には終わりがあるか

エラトステネスの方法で素数表を作っていくと,あとの数ほど消されるチャンスが大きくなり,残りは疎らになる。何千万とか何兆までいくと,みんな消えてしまうかもしれない。つまり,

「素数の個数は有限個か無限個か」

という問題である。

この問題はすでに2000年以上も前に解決されていた。それはp.85で触れたユークリッド原論である。その論法は現代でも通用する立派なものである。詳しくは [Na] を見ていただきたい。以下では,素数は無限に存在することを証明するのだが,ほとんどユークリッド原論そのままである。

T 4-1

素数は無限に存在する。

証明 背理法による。素数の個数が有限個であったとして,それらを,

$$p_1, p_2, \cdots\cdots, p_n \qquad (*)$$

とする。これら以外の整数は合成数である。

$$N = p_1 p_2 \cdots\cdots p_n + 1$$

を作る。これはもちろん合成数だから,ある素数で割り切れるはずである。ところがすべての素数である(*)のどれで割っても1が余って,割り切れない。これは不合理で

116

ある。

いま、$\{2, 3, 5\}$ という 3 個の素数が発見できたとする。
$$N = 2 \cdot 3 \cdot 5 + 1 = 31$$
これは素数だから、2，3，5以外の新しい素数が発見できた。これを付け加えて $\{2, 3, 5, 31\}$ となった。
$$N = 2 \cdot 3 \cdot 5 \cdot 31 + 1 = 931 = 7^2 \cdot 19$$
を作ると、2，3，5，31以外の新しい素数7と19が見つかった。

このようにして、新しい素数が次々と限りなく発生する。N自身が素数である場合が無限にあるかどうかは未解決である。

いろいろな証明法

素数が無限にあることは、初等整数論にとって基本的に重要なので、たくさんの証明が考えられている。そのうちの2つを紹介しておく。

1．クンマーによる証明

素数が有限個しかないとして、これらを、
$$p_1, p_2, \cdots\cdots, p_r, \quad (p_1 < p_2 < \cdots\cdots < p_r)$$
とする。これ以外は合成数である。
$$N = p_1 p_2 \cdots\cdots p_r$$
と置く。$N-1$ はどの p とも異なり合成数だから、どれかの素数、例えば p_1 で割り切れる。N も p_1 で割り切れるから、差の 1 が p_1 で割り切れることになり、不合理である。

2. オイラーによる証明

p を任意の素数とする。$\frac{1}{p}<1$ だから,無限等比級数の和の公式によって,次の等式が成り立つ。

$$\frac{1}{1-\frac{1}{p}}=1+\frac{1}{p}+\frac{1}{p^2}+\frac{1}{p^3}+\cdots\cdots \quad (1)$$

素数が有限個 p_1, p_2, ……, p_k であったとし,各 p_i について(1)式を作り,これらを辺々掛けた式を(2)とする。

$$\prod_{i=1}^{k}\left(\frac{1}{1-\frac{1}{p_i}}\right)=(1+\frac{1}{p_1}+\frac{1}{p_1{}^2}+\cdots\cdots)(1+\frac{1}{p_2}+\frac{1}{p_2{}^2}+\cdots\cdots)$$
$$\times\cdots\cdots\times(1+\frac{1}{p_k}+\frac{1}{p_k{}^2}+\cdots\cdots) \quad (2)$$

右辺の各級数は絶対収束だから,括弧をはずして並べ替えてもよい。そのときの一般項の分母は,

$$p_1{}^a p_2{}^b \cdots\cdots p_k{}^c \quad (3)$$

の形で,指数 a, b, ……, c は,正整数のあらゆる組み合わせをとる。p.126で証明する整数の素因数分解の一意性によって,(3)にはすべての自然数がもれなく重複なく現れるので,(2)の右辺は,

$$1+\frac{1}{2}+\frac{1}{3}+\cdots\cdots+\frac{1}{n}+\cdots\cdots$$

となるが,これは調和級数で∞に発散する。

ところが(2)の左辺は有限個の積だから,有限確定である。これは矛盾。 ◆

第4章 ● 素　数

ユークリッドの方法の応用

奇数は4で割ると1あるいは3が余る。
・1が余る奇数を1型
・3が余る奇数を3型

ということにする。ためしに100までの24個の奇素数を分類してみると，

　　1型：5, 13, 17, 29, 37, 41, 53, 61, 73, 89, 97　　　　　（11個）
　　3型：3, 7, 11, 19, 23, 31, 43, 47, 59, 67, 71, 79, 83（13個）

で，3型が優勢である。

　500までででは，1型は44，3型は50個

　1000までででは，1型は80個，3型は87個

であった。ここまでは，いつも3型の方が優勢であるが，どちらもどんどんと増えていくようだ。実は，どちらも無限に存在することが証明できるが，ここでは3型の素数について証明する。

ちょっと準備。

　　　　（1型の奇数）×（1型の奇数）＝（1型の奇数）

これは，

$$(4a+1) \times (4b+1) = 4(4ab+a+b)+1$$

から明らか。

いま，3以外の3型の素数の1つ，例えば7を見つける。

$$N_1 = 4 \cdot 7 + 3 = 31$$

これは新しい3型の素数である。これを使って，

$$N_2 = 4(7 \cdot 31) + 3 = 871 = 13 \cdot 67$$

を作れば，因数の67は3型の素数である。そこで，

$$N_3 = 4(7 \cdot 31 \cdot 67) + 3 = 58159 = 19 \cdot 3061$$

を作る。この因数分解は電卓では難しいかな。3061は1型

の素数だが，19は新しい3型の素数である。

このようにして，次々と3型の素数が見つかる。どうしてか。もしも上のようにして作った3型のNの素因数がすべて1型であったとすると，それらの積は1型であるが，Nは3型である。そこで，Nの素因数の中には3型の素数がある。　　　　　　　　　　　　　　　　◆

これで，3型の素数が無限にあることがわかった。この証明は十分に一般的なので，次の定理が得られた。

T 4-2

$4n+3$ 型の素数は無限に存在する。

●**注意**　上と類似の方法で，$6n+5$ 型の素数が無限に存在することが証明できる。これは章末の問題とする。

$4n+1$ 型の素数

1型の素数はどうか。これは上のようなわけにはいかない。1型のいくつもの奇数の積はいつも1型であったが，3型のいくつかの奇数の積は3型だけでなく，1型になることがあるからである。

いろいろな証明法があるが，フェルマーの小定理を使った簡単な証明を p.234 に示しておく。

4-4 素数の分布

素数の分布はだんだんと疎らになるようだといった。減少の様子を詳しく調べるには，例えば「密度」を計算してみればよいかもしれない。理論的にはたいへん難しそうだから，統計をとることを誰でも考える。「素数定理」が証明されるまで，多くの大数学者・中数学者・小数学者がこれをやったであろう。わがガウスも15〜16歳のころこれをやった。この辺のことは [Ta2] に詳しい。

われわれが扱える何千万・何兆というような小さな整数を調べて法則を推測するのは難しいが，ちょっとガウスの真似をしてみよう。

巻末に10007までの素数表があるので，1000ごとに密度（局所的な分布）を調べる。$\pi(x)$ は x 以下の素数の個数で，$d(x)$ は幅1000の区間における密度である。

x	$\pi(x)$	差	$d(x)$
1000	168	168	0.168
2000	303	135	0.135
3000	430	127	0.127
4000	550	120	0.120
5000	669	119	0.119
6000	783	114	0.114
7000	900	117	0.117
8000	1007	107	0.107
9000	1117	110	0.110
10000	1229	112	0.112

10000程度ではとても正しい推測は難しい。ガウスは当時のレーマーの素数表を使って100万まで調べたという。このような表から，どうして，

  密度が $\dfrac{1}{\log(x)}$ に比例するらしい

という予想ができるのだろうか。もちろん，階差を作ったり対数をとったりグラフを描いたり，いろいろやってみたのだろうが，やはりガウスが数値計算の訓練を重ねていたからであろう。ガウスが大数学者に似つかわしくなく，計算が非常に好きでまた巧みであったことはよく知られている。実験数学者の面が見える。

「ガウスが進んだ道は即ち数学の進む道である。その道は帰納的である。特殊から一般へ！　それが標語である。……数学が演繹的であるというが，それは既成数学の修業のみに通用するのである。……」[Ta2]

x	$\pi(x)$	差	$d(x)$
10000	1229	1229	0.1229
20000	2262	1033	0.1033
30000	3245	983	0.0983
40000	4203	958	0.0958
50000	5133	930	0.0930
60000	6057	924	0.0924
70000	6935	878	0.0878
80000	7837	902	0.0902
90000	8713	876	0.0876
100000	9592	879	0.0879

ためしに，前ページの表の横に自分で $\frac{1}{\log(x)}$ の数値を並べて比較してみていただきたい。次に，100000までの10000毎の数値を挙げたので，同じテストを試みていただきたい。

密度を積み重ねれば（積分すれば）x までの素数の個数となるから，それを $\pi(x)$ とすると，

$$\pi(x) \fallingdotseq \int_2^x \frac{dt}{\log(t)} \qquad (*)$$

となる。これから近似式として，次の結果が得られる。これが有名な「素数定理」である。

T 4-3

素数定理 x 以下の素数の個数を $\pi(x)$ とする。

$$\pi(x) \sim \frac{x}{\log(x)}$$

ここで，〜は漸近的に等しいことを表し，$x \to \infty$ のとき，

$$\lim \frac{\pi(x)}{\frac{x}{\log(x)}} = 1$$

という意味である。

ガウスは15歳のときにこの結果を予想はしていたが，証明はしなかった。100年も後の1896年にアダマールとドゥ・ラ・ヴァレプサンが独立に証明をした。複素関数論を使い，もちろん非常に難しい。その後，1948年にエルデーシ

ュとセルバーグが初等的な証明を発見したが，これも難しい。

漸近的に等しいというのだが，x がどのくらい大きくなればどのくらい近いのか。この数値実験は読者の研究に任せる。ここでは述べることはできないが，もちろん，先の公式よりも精密な結果がたくさん得られている。

4-5 素因数分解 ── 基本定理

素因数分解

素数でない正整数>1 は合成数で，自分自身と 1 以外に約数がある。例えば $n=12345$ としてみよう。約数 5 があることはすぐにわかるから，5 で割って，

$$n=12345=5 \cdot 2469$$

と分解できる。2469 はどうか。p.79 で説明した 9 去法を当てはめると，3 で割り切れることがわかり，

$$n=12345=5 \cdot 3 \cdot 823$$

823 は大きいから，見ただけでは因数はわからない。$\sqrt{823} \fallingdotseq 28.7$ だから，素数 7，11，13，17，19，23 で順にためしてみれば，どれででも割り切れないことがわかり，823 は素数である。

あるいは別の人は，3 で割り切れることを先に発見して，

$$n=12345=3 \cdot 4115$$

とするかもしれない。しかし，次には，因数 5 を出せば，

$$n=12345=5 \cdot 3 \cdot 823$$

となって，前と同じになる。

このように，整数を素数の積に分解することを**素因数分解**するという。

数が大きくなると，実際の作業はなかなかたいへんだ。
$$n = 1234567890$$
でやってみよう。

もちろん10で割り切れるから，
$$n = 10 \cdot 123456789$$
123456789について p.79のテストを利用すると，
$$s(n) = 1+2+3+4+5+6+7+8+9 = 45$$
$$s(s(n)) = 4+5 = 9$$
だから，9で割り切れる。そこで，ここまでで，
$$n = 2 \cdot 5 \cdot 3^2 \cdot 13717421$$
電卓を使ったとしても，これ以上はたいへんだ。実は，
$$n = 2 \cdot 5 \cdot 3^2 \cdot 3607 \cdot 3803$$
である。

初等整数論の基本定理

数学のいろいろな分野には，それぞれの基本定理と呼ばれるものがある。代数学の基本定理は，
「複素係数の代数方程式は，複素数根を持つ」
で，ガウスの学位論文

Demonstratio nova theorematis omnem functionem algebraicam rationalem integram unius variabilis in factores reales prim vel secondi qradus reselvi passe (1799).
であった。

われわれの初等整数論にも基本定理がある。

T 4-4

(初等整数論の基本定理)
(1) 任意の正整数 n は有限個の素数の積
$$n = p_1 p_2 \cdots\cdots p_k$$
として表すことができる。
(2) このとき,素因数の順序を無視すれば,分解の仕方は1通りである。

証明 (1) 素数の積に分解できること。

与えられた n が素数ならば,$n = n$ がただ1通りの素因数分解であるから,これで終わり。

n が素数でないときには,n より小さな整数はすべて素因数分解できるとして,n が素因数分解できることを証明する(数学的帰納法の第2の形である)。

n が素数でなければ,n には1以外の約数があるが,それらの最小のものは素数である。これを p とする。
$$n = pq$$
と書ける。$q < n$ だから,帰納法の仮定によって,q は,
$$q = p_1 p_2 \cdots\cdots p_h$$
のように素因数分解できる。そこで,n も,
$$n = p p_1 p_2 \cdots\cdots p_h$$
のように素因数分解できる。

(2) 分解が1通りであること。

n が2通りに素因数分解されたとする。
$$n = p_1 p_2 \cdots\cdots p_h = q_1 q_2 \cdots\cdots q_k \quad (h \geq k) \qquad (*)$$

p どうし，q どうし中には同じ素数があってもよい。

（＊）から p_1 は右辺を割り切る。

$$p_1 \mid q_1 q_2 \cdots\cdots q_k$$

だから，T3-14によって，p_1 は q_1, q_2, ……, q_k のどれかを割り切る。

q の番号を付け替えればよいから，q_1 が p_1 で割り切れたとする。ところが p_1 も q_1 も素数なのだから，$p_1 \mid q_1$ ならば $p_1 = q_1$ でなければならない。

これらを両辺から約して，

$$p_2 \cdots\cdots p_h = q_2 \cdots\cdots q_k$$

p_2 について同じに考えれば，

$$p_3 \cdots\cdots p_h = q_3 \cdots\cdots q_k$$

これを繰り返していく。もしも $h>k$ ならば，

$$p_{k+1} \cdots\cdots p_h = 1$$

これで，残りのすべての p はすべて1で，矛盾。そこで，$h=k$。 ◆

これまでは，素因数分解で同じ素数をならべてもよいとしてきたが，普通は，同じ素因数をまとめて，

$$n = p_1^{m_1} p_2^{m_2} \cdots\cdots p_k^{m_k}$$

のように書くことが多い。これを**標準素因数分解**ということもある。m_1, m_2, ……, m_k を p_i のベキ指数という。

$1400 = 2\cdot 2\cdot 2\cdot 5\cdot 5\cdot 7$ は，同じ因数をまとめて，

$$1400 = 2^3 \cdot 5^2 \cdot 7$$

となる。

p.99で，除算アルゴリズムを使って次の性質，

T3-13　p を素数とする。

$$p \mid ab \text{ ならば } p \mid a \text{ あるいは } p \mid b$$

を証明した。

そうして、これを使って基本定理を証明したのである。ところが基本定理を仮定すれば、T3-13を証明できる。これはやさしいので、読者に任せる。

したがって、T3-13を基本定理にしてもよいということになる。

T 4-5

互いに素な2整数 a と b の積が、$ab=c^2$ のように完全平方であったとすれば、a も b も完全平方である。

証明 a, b, c^2 をそれぞれ素因数分解する。素因数分解の一意性によって、両辺の素因数はベキ指数も含めて一致する。最大公約数 $(a, b)=1$ だから、a と b には共通素因数はない。そこで、右辺の c^2 の素因数は2乗も込めて a と b に分配され、a も b も完全平方である。　◆

3個以上の積についても同様。

● **注意** この定理の中の c^2 を c^3 に、「完全平方」を「完全立方」と書き換えても成り立つ。

4-6 基本定理の応用

ふたたび最大公約数と最小公倍数

もしも、2つの整数 a, b が素因数分解されているならば、その約数・倍数・最大公約数・最小公倍数は容易に求

められる。

$$0 \leq a \leq b \quad ならば \quad p^a \mid p^b, \ 逆も成り立つ$$

が基本である。例えば，

$$n = 1960 = 2^3 \cdot 5 \cdot 7^2$$

とする。2^0, 2^1, 2^2, 2^3のようにベキ指数が3以下の数はすべて2^3の約数である。5のベキ，7のベキについても同様であるから，

$$d = 2^a \cdot 5^b \cdot 7^c, \ a=0,1,2,3, \ b=0,1, \ c=0,1,2$$

形の数はすべてnの約数で，nの約数はこれらに限る。それらの個数は，

$$(3+1)(1+1)(2+1) = 4 \cdot 2 \cdot 3 = 24 (個)$$

である。また，

$$m = 2250 = 2 \cdot 3^2 \cdot 5^3$$

であったならば，nとmの最大公約数はaとbのベキ指数の小さい方（大きくない方）を選んで，

$$(n, m) = 2 \cdot 5 = 10$$

最小公倍数はベキ指数の大きい方（小さくない方）を選んで，

$$\{n, m\} = 2^3 \cdot 3^2 \cdot 5^3 \cdot 7^2 = 441000$$

である。

記号：2つの整数u, vの

小さくない方を$\max(u, v)$

大きくない方を$\min(u, v)$

と書く。

●**注意** 「大きい方」というと等しい場合に困るので，「小さくない方」という。

T 4-8

2つの正整数 a, b の素因数分解を，
$$a = p_1^{u_1} p_2^{u_2} \cdots, \quad b = p_1^{v_1} p_2^{v_2} \cdots$$
とする。u たち v たちは 0 または正整数。
$$\min(u_1, v_1) = s_1, \ \min(u_2, v_2) = s_2, \cdots,$$
$$\max(u_1, v_1) = t_1, \ \max(u_2, v_2) = t_2, \cdots,$$
と置けば，

　　最大公約数 $(a, b) = p_1^{s_1} p_2^{s_2} \cdots$
　　最小公倍数 $\{a, b\} = p_1^{t_1} p_2^{t_2} \cdots$

である。

応用 2 つ

基本定理の思いがけない応用がある。

(1) $\sqrt{2}$ は無理数である。これが有理数であったとして，
$$\sqrt{2} = \frac{a}{b}, \quad a, b \text{ は整数で } (a, b) = 1$$
と表されたとする。
$$\sqrt{2}\, b = a, \quad 2b^2 = a^2$$
両辺を素因数分解して，
$$2 p^{2u} q^{2v} r^{2w} \cdots = p^{2d} q^{2e} r^{2f} \cdots \quad (*)$$

そうすると因数 2 のベキ指数は，左辺では奇数，右辺では偶数となって，不合理である。　　　　　　　　　◆

問 $\sqrt{3}$ は無理数であることを示せ。一般に n が完全平方でなければ，$\sqrt{n}$ は無理数であることを示せ。

(2) $\log_{10}(2)$ は無理数である。

もしも,有理数であったとして,
$$\log_{10}(2) = \frac{a}{b},\ a,\ b\ \text{は整数で}\ (a, b) = 1$$
と置く。
$$10^{\frac{a}{b}} = 2 \Rightarrow 10^a = 2^b \Rightarrow 2^a 5^a = 2^b,\ a \neq 0$$
左辺には因数 5 があるのに,右辺にはそれがない。不合理である。　　　　　　　　　　　　　　　　　　　　　◆

●問　$\sqrt[3]{2}$ は無理数であることを示せ。

4-7 素因数分解の仕方

素因数分解の仕方

基本定理によって,任意の正整数は素因数分解されることは証明された。p. 97 の T3-10 (**d の表示式**) の証明は,実際に x と y を構成しながら,それらが存在することを証明した。しかし,基本定理の証明は,「素因数分解が一意的にできる」というだけで,実際の手順は何も教えてくれない。典型的な**存在定理**である。

「答えがあるというだけで,その求め方を教えてくれなければ,役に立たないではないか」

と思うかも知れない。そう思うのは,今まで答えがあることが決まっている問題だけを解いてきたからだ。

全く新しい場面で,もしも答えがないのなら,それを探すのは全く無駄な骨折りだ。だから,答えがあるかどうかを確かめるのが,まず最初の仕事である。

さて,ここでの問題は 2 つになる。

（1） 大きな正整数が素数であるか合成数であるかを判定する方法。
（2） 合成数であることが分かったとき，それを素因数分解する方法。

巨大な整数に対しては，どちらも非常に難しい。5桁ぐらいまでであったら，電卓や素数表を使って，総当たり法でできないことはない。巻末に10000までの素数表があるから，パソコンを使って$\sqrt{n}$まで2, 3, 5, 7, ……, 9973の順に割っていけば，$10000^2=100000000$（1億）までの整数の素因数分解ができないことはないが，時間と労力と根気が問題だ。

実際にはもっと大きな素数表ができているから，それを利用して，コンピュータで計算することもできる。私の機械 TI-92 には10万までの9592個の素数がそのまま入力してあるので，$100000^2=10000000000$ までの整数は扱えることになっている理屈だが，このように順に試していく方法では，分解しようとする整数が大きくなるにつれて計算量が爆発的に増えて，スーパーコンピュータでも実行不可能である。

もちろんいろいろな方法が研究されているから，それらを利用すれば，パソコンでも100桁くらいまでならば判定できるらしい [Ki2]。応用の上で問題になるのは200桁以上にもなる非常に大きな正整数の場合である。暗号理論とも関係があり，現在でも研究が続けられ，次々と新しい方法が発表されている。

しかし200桁にもなるとスーパーコンピュータでも実用時間内では難しいようだ。

第8章 p.224で研究するフェルマー数 $F_{11}=2^{2^{11}}+1$ の素因数分解には，100台のコンピュータを並列に働かせて3ヵ月もかかったという。

またある研究者の計算によれば，2000桁の正整数を試し法で素因数分解するには，宇宙のすべての物質を構成する分子の数だけのコンピュータを並べて計算させても，宇宙の年齢では終わらないという。想像を絶する話だ。

このようなわけで，本格的な素因数分解の話は，理論も実際計算もこの小さな本の守備範囲をはるかに超える。しかし，まったく触れないわけにもいかないので，第9章（p.239）で，素数性の1つの判定法を述べる。

練習問題 4

Q1 $n=150$ までの素数の個数を計算せよ。

Q2 $6n+5$ 型の素数は無限に存在することを証明せよ。

Q3 素因数分解せよ。
 （1） 123456　　　　　　　（2） 54321

Q4 素因数分解を利用して，次を証明せよ。
 （1） $(a,b)=1$ ならば，$(ab,c)=(a,c)(b,c)$
 （2） $\{(a,b),(a,c)\}=(a,\{b,c\})$

Q5 p が素数で $p \mid a^n$（n は自然数）ならば，$p^n \mid a^n$ であることを証明せよ。

Q6 素数全体の列 $2, 3, 5, 7, 11, \ldots\ldots$ の中の引き続く2つの奇素数を p, q とする。$p+q$ の素因数分解は，少なくとも3つ（同じものがあってもよい）の素数を含むことを示せ。

Q7 すべての素数 $p \leq \sqrt[3]{n}$ に対して $p \nmid n$ ならば，n は素数であるか，あるいは2つの素数の積であることを示せ。

第5章 整数の合同

この章のテーマである「合同」は初等整数論全体で必須の考えであり，適切な記号と共にガウスが発明したものである。これまで何人かの数学者を簡単に紹介してきたが，ガウスと第8章で登場するフェルマーは別格で，それぞれ1節を割かなければならない。まずはガウスから。

5-1 ガウス

ドイツの数学者フェリックス・クラインは，有名な数学史：

Vorlesungen über die Entwicklung der Mathematik im 19 Jahrhundert (1926). (邦訳：[Kl])

を書いたが，その中の第1章全部約60ページをガウスにあてている。そこでは，

「数学において，ガウスに匹敵するほどの英雄を探すならば，ガウス以前に2人の先人だけが自然から同じ祝福を受けたとみることができよう。すなわち，アルキメデスとニュートンである」[Kl]

これ以後，3大数学者として，

　　　ガウス　と　ニュートン　と　アルキメデス

を挙げることが定説のようになってしまった。実際，ガウスはこのような賞讃に値する。この本の「序章」で，ガウスの言葉，

「数学は科学の女王で，整数論は数学の女王である」

を引いたが，ガウス自身が当時 Mathematicorum princeps（数学の帝王）と呼ばれていた。

ガウスの業績は数学だけでなく，理論物理学・天文学・測地学などの多方面にわたり，最後の万能学者と呼ばれている（ポアンカレもそう呼ばれていたようだが）。

ガウスはニュートンの死後ちょうど50年目の1777年

ガウス

4月30日にブラウンシュヴァイクで生まれた。幼年時代・少年時代の早熟と飛びぬけた天才ぶりについては，いろいろと語り伝えられている。

煉瓦工場の職長をしていた父が，工員の賃金を計算して支払おうとしたとき，そばで見ていた3歳のガウスが「おとうちゃん。違っているよ」と叫んで，正しい数値を言ったという。

また7歳の小学生のときのこと，担任のビュットナー先生は急ぎの仕事があって，その時間を作るために，時間がかかりそうな課題を生徒たちに出した。

「1から100までを足しなさい」

（この数値については諸説があるが）。しかし先生が席に着くか着かぬうちに，ガウスは「できました」と言って，答えを石盤（筆者も小学生のとき使った）に書いて出した。

合っている！

先生はびっくりして，どのように計算したかを聞いた。

ガウスは,

$$1+2+3+\cdots\cdots+100=\frac{100(1+100)}{2}$$

という公式を自分で考えたのだ。

こういうときに，訳もわからずに怒ったり不機嫌になったりする先生がいるものだが，ガウスにとっても数学の発展にとっても幸せなことには，そうしてビュットナー先生自身もこの話題によって数学史に名前を残したのだが，ガウスの才能を伸ばしたいと思って，程度の高い教科書を自費で買って与えたという。しかしすぐに「もう教えることがなくなった」と嘆くことになる。

数学好きの助手パーテルスと一緒にさらに勉強を続けた。12歳で非ユークリッド幾何を考え，16歳で無限級数の収束の概念を身につけ，一般の2項定理を証明した。

パーテルスの骨折りで，フェルディナント公の援助が受けられるようになり，父親の反対を説得して（母親は息子の進学を切望していたという）カレッジからゲッティンゲン大学に進んだ。もちろんすべてに優れた成績であったが，言語学にも興味を持ち，進路について迷っていた。ちょうどこの頃に有名な「正17角形の作図法の発見」が，数学者への道を決心させたという。

ガウス日記

ガウスの完全主義はよく知られており，完成された形にしなければ発表しなかった。「建物ができあがったあとに足場が残っていてはみっともない」。だから当時の人から，

Er macht es wie der Fuchs, der wischt mit seine

Schwanze seine Spur im Sande aus.
（砂の上に残った足跡をしっぽで消していく狐のようなことをする）

と悪口を言われたという。

そのような，秘密主義のガウスの進路決定の事情がどうしてわかるのか。それは，研究の進行を記した日記が残っているからである（[Ga], [Ta4]）。

ガウス日記は，ガウスが書いた自筆そのままがファクシミリで出版されている。さあ始めるぞ，という青年の覇気が感じられるもので，ぜひ読者の皆さんに見ていただきたかったのだが，著作権の関係で残念ながら載せられなかった。この日記の最初が1796年3月30日の記録である。この日の朝ベッドから起きあがった瞬間に，正17角形の作図を思いついたという。この発見が嬉しくて，日記を書き始めたのかもしれない。

「円の等分に基づく原理。それによって幾何学的に十七等分……」

これらに関して興味深い話題はたくさんあるが，これ以上孫引きを重ねても仕方ないので，詳しくは [Ta2] にゆずる。

しかし，整数論の著作，

Disquisitiones Arithmeticae （『整数論考究』[Ga]）

に触れておかなければならない。これはガウス唯一のまとまった著作で，1801年24歳のときに出版された。整数論の歴史を変えた名著であって，広く読まれて当時の数学界に大きな影響を与えた。ディリクレはどこへ行くときにもこの本を携えていたという。

内容は，1次と2次の合同式・平方剰余・2次形式・2次不定方程式・円周の分割などである。ここには，正17角形の作図は4つの2次方程式を解くことに帰着すること，したがって定規とコンパスで作図できることも丁寧に書かれている。理論も計算も壮大であって，
「$x^2+x-4=0$ の根を係数とする2次方程式の根を係数とする2次方程式の根を係数とする2次方程式を解く」
のである。しかも17個の頂点を表す式だけでなく，最後にはそれらの座標を小数点下10桁まで求めている。

5-2 整数の合同

偶数と奇数

　整数を偶数・奇数に分類することはよく使われるし，たいへん役に立つ。例えば学級で，
「奇数番の人は集まれ」
と一言いえば，いちいち，
「1番の人は集まれ，3番の人は集まれ，……」
といわなくてもよい。スーパーマーケットで，
「偶数日には卵の大安売り」
と一言だけ広告に書けば，いちいち，
「2日は卵の大安売り，4日は卵の大安売り，……」
と書かなくてもよい。

　　　偶数：2で割り切れる。　余りは　0。
　　　奇数：2で割り切れない。余りは　1。

　例えば，23は2で割ると11がたって，余りは1で，2345を2で割ると1172がたって余りは1だから，どちらも奇数

である。23と2345はたいへん異なるが，余りだけに注目すれば奇数という同じグループに入る。

奇数と偶数という組分けを**法2による類別**という。また，
(偶数)＋(偶数)＝(偶数)，(偶数)×(偶数)＝(偶数)
(偶数)＋(奇数)＝(奇数)，(偶数)×(奇数)＝(偶数)
(奇数)＋(奇数)＝(偶数)，(奇数)×(奇数)＝(奇数)
などともいうし，意味もよくわかる。しかしよく考えてみればおかしい。＋や×は数と数の間の計算なのに，(偶数)も(奇数)も数ではなくて数の性質あるいは数の集合である。集合や性質を足したり掛けたりしてもよいのか。
(奇数)＋(奇数)＝(偶数)，(奇数)×(奇数)＝(奇数)
を正確に言えば，

(奇数)という集合の中から勝手に2つの代表の数 a，b を選ぶと，この2つの数の和 $a+b$ は(偶数)という集合に入り，積 ab は(奇数)という集合に入る，

ということになる。

法を7とすると

法2では簡単過ぎるので，法を7としてもう少し詳しく考えよう。2002年10月のカレンダーを見ると，1日は火曜日であったが，たとえ何曜日であろうと，1日，8日，15日，22日，29日はすべて同じ曜日である。これらの日はすべて，7で割ると1余る。

同様に，2日，9日，16日，23日，30日はすべて7で割ると2が余り，同じ曜日である。以下同様。

カレンダーでは月が変わると日も変わってしまうが，もしも1年365日にずっと通しの日付が付いていたとすれば，

日を見ただけでその日が何曜日であるかが分かる。7で割って余りを見ればよい。

7で割って余りが同じ整数は，**7 を法として合同**であるという。20 と 6 は 7 を法として合同である。これを，
$$20 \equiv 6 \pmod{7}$$
と書く。もちろん，法が変われば，例えば法を 8 とすれば，20 と 6 は合同ではない。

ちょっと昔話になるが，戦後（これももう死語となってしまったが）アメリカから教育視察団がきて，日本の教育界をかき回していった。当時アメリカではやり始めたが，まだ評価が定まっていない「新しい数学 (New Math)」を導入しようとした。文部省もこれに飛びついて，新しい教科書を作った。この New Math の中には，集合算・トポロジーの話（例えば，ケーニヒスベルクの橋やオイラーの多面体定理）などがあったのだが，時計算術というのもあった。時分秒の計算ではなくて，ここでいう (mod 12) の合同計算である。

これらは，先生は面白がったが，生徒はさっぱりだ。

もちろんこの New Math はアメリカでも日本でも数年で廃れてしまったが。

整数の合同

合同という考えと記号は，ガウスが，その有名な著書『整数論考究』の中ではじめて発表した。創始者に敬意を表して，まずガウスの著書からそのまま引用する [Ga]。開巻最初の第 1 章第 1 項である（以下で数というのはすべて整数である）。

第5章●整数の合同

「もし数 a が b, c の差を割り切るならば, b と c は **a に関して合同**であるといい, もしそうでなければ, **非合同**であるという。a 自身は**法**という名で呼ぶことにしよう。前者の場合, b, c の各々はもう一方の数の**剰余**と呼ばれるが, 後者の場合は**非剰余**と呼ばれる。……

以後, 数の合同を記号 $\equiv$ によって明示し, 法が必要な場合には, それを括弧に入れて $-16 \equiv 9 (\mathrm{mod}.5)$, $-7 \equiv 15 (\mathrm{mod}.11)$ というふうに表記することにしよう。

われわれはこの記号を等式と合同式の間に認められる大きな類似性の故に採用した。ルジャンドルは, ……合同式に対しても……等式の記号をそのまま使用しようとした。しかし我々はあいまいさが発生するかもしれないことを恐れて, それを模倣する気持ちにはなれなかったのである」

(ガウスは $(\mathrm{mod}.5)$ と書いたが, 現在は . を書かない)

そこで, 例えば,

$$37 \equiv 25 (\mathrm{mod}\ 12) \qquad -9 \not\equiv 3 (\mathrm{mod}\ 10)$$
$$7216 \equiv 29216 (\mathrm{mod}\ 1000) \qquad 5 \not\equiv 7 (\mathrm{mod}\ 3)$$

である。

D 5-1

$a-b$ が正整数 c で割り切れるときに, a と b は c を**法として合同**であるといい,
$$a \equiv b (\mathrm{mod}\ c)$$
と書く。a と b が法 c で合同でないとき,
$$a \not\equiv b (\mathrm{mod}\ c)$$
と書く。

modはmodulo（モデュロー）の略。

これは，次のように定義しても同じである。

D 5-2

a と b を正整数 c で割ったときの余りが等しいときに，a と b は c を法として**合同**であるといい，
$$a \equiv b \pmod{c}$$
と書く。a と b が法 c で合同でないとき，
$$a \not\equiv b \pmod{c}$$
と書く。

この2通りの定義が同等であることはすぐわかる。

D5-1によって，
$$a \equiv b \pmod{c}$$
であるとする。$a-b$ が c で割り切れるのだから，k をある整数として，
$$a-b=ck \quad \text{すなわち} \quad a=b+ck$$
この両辺を c で割れば，ck はもちろん c で割り切れるから，a を c で割った余りと b を c で割った余りとは等しく，D5-2によっても合同である。

逆に，D5-2によって，
$$a \equiv b \pmod{c}$$
とする。c で割った余りがどちらも r であったとすると，
$$a = cq_1 + r, \ b = cq_2 + r$$
そこで，
$$a - b = c(q_1 - q_2)$$

第5章●整数の合同

q_1-q_2 は整数だから，$a-b$ は c で割り切れ，D5-1 によっても合同である。　　　　　　　　　　　　　　　　◆

合同のアイデアとその記号は整数論における第1級の重要さを持つことがだんだんとわかってくる。

●問　次の式は正しいか，誤りか。
(1)　$17 \equiv 2 \pmod 5$　　　(2)　$14 \equiv -6 \pmod{10}$
(3)　$123 \equiv 456 \pmod{11}$　　(4)　$2^7 \equiv 2^{10} \pmod 3$

5-3　合同式の性質

同値関係

数学の計算をするとき，等号＝の次の関係：

　反射律：$a=a$
　対称律：$a=b$ ならば $b=a$
　推移律：$a=b$，$b=c$ ならば $a=c$

や，大小関係≧の

　反射律：$a \geq a$
　反対称律：$a \geq b$，$b \geq a$ ならば $a=b$
　推移律：$a \geq b$，$b \geq c$ ならば $a \geq c$

なども，ほとんど当然のこととして使ってきた。しかし，整数の合同≡は新しい関係だから，キチンと調べてみなければいけない。合同では整数は輪のように並ぶのだから，例えば，大小関係は崩れてしまい，不等式はない。

さて，≡についても＝の場合と同じ名前がついている。

反射律：$a \equiv a \pmod m$

対称律：$a \equiv b \pmod{m}$ ならば $b \equiv a \pmod{m}$

推移律：$a \equiv b \pmod{m}$, $b \equiv c \pmod{m}$ ならば $a \equiv c \pmod{m}$

である。

証明はやさしい。推移律だけやってみよう。

$a \equiv b \pmod{m}$ だから，$b = a + km$ （k は整数）

$b \equiv c \pmod{m}$ だから，$c = b + lm$ （l は整数）

代入すれば，
$$c = a + km + lm = a + (k+l)m$$
$k+l$ は整数だから，定義によって，
$$a \equiv c \pmod{m}$$
◆

合同式の計算

中学生以来，1次方程式，2次方程式，連立方程式などいろいろな方程式を解くことを学んできたが，その基礎になるのは，言葉でいうと，

・等式の両辺に同じ数を加えても，引いてもよい。
・同じ数を掛けても，0でない同じ数で割ってもよい。

というような等式の性質であった。また，

・方程式の左辺から右辺に，右辺から左辺に移項すると，符号が変わる。

というような移項の規則もあった。実をいうと，子供に，

「どうして符号が変わるのか」

と聞かれたとき，大学生でもはっきりと説明できる人は少ないのではなかろうか。

これからだんだんと合同方程式を解くので，やはり基本の規則を確かめておかなければいけない。

まず，加算・減算・乗算・ベキ乗について。

T 5-1

$a \equiv b \pmod{m}$, $c \equiv d \pmod{m}$ ならば
(1) $a+c \equiv b+d$, $a-c \equiv b-d \pmod{m}$
(2) $ac \equiv bd \pmod{m}$
(3) $a^n \equiv b^n \pmod{m}$, n は自然数

証明 $a \equiv b$, $c \equiv d$ だから $a-b \equiv 0, c-d \equiv 0 \pmod{m}$,
(1) (±は同じ方を使うことにして)
$$(a \pm c) - (b \pm d) \equiv (a-b) \pm (c-d) \equiv 0 \pmod{m}$$
$$a \pm c \equiv b \pm d \pmod{m}$$
(2) $ac - bd \equiv ac - bc + bc - bd$
$$\equiv (a-b)c + b(c-d) \equiv 0 \pmod{m}$$
$$ac \equiv bd \pmod{m}$$
(3) 数学的帰納法による。
$n=1$ のとき $a \equiv b \pmod{m}$
$n=k-1$ のとき $a^{k-1} \equiv b^{k-1} \pmod{m}$ を仮定する。
これと $a \equiv b \pmod{m}$ と(2)から，$a^k \equiv b^k \pmod{m}$ ◆

●**注意** $a \equiv b \pmod{m}$ でも $c^a \equiv c^b \pmod{m}$，とはならぬ ($c \not\equiv 1$)。

●**問** このような数値例（反例）を見つけよ。

あとで使うので，$\pmod 6$, $\pmod 7$, $\pmod{11}$, (mod

13) の加算と乗算の表を作っておくとよい。

> **T 5-2**
>
> 任意の a, b, c と法 n について,
> (1) $\quad a+b \equiv b+a \pmod{n}$ 　　　加算の交換法則
> (2) $\quad a+(b+c) \equiv (a+b)+c \pmod{n}$ 　加算の結合法則
> (3) $\quad ab \equiv ba \pmod{n}$ 　　　　　乗算の交換法則
> (4) $\quad a(bc) \equiv (ab)c \pmod{n}$ 　　　乗算の結合法則
> (5) $\quad a(b+c) \equiv ab+ac \pmod{n}$ 　加算乗算の分配法則

証明 (1) $(a+b)-(b+a) \equiv 0 \pmod{n}$
そこで,
$$a+b \equiv b+a \pmod{n}$$
(4) $a(bc)-(ab)c = (ab)c-(ab)c \equiv 0 \pmod{n}$
$$a(bc) \equiv (ab)c \pmod{n}$$
他もやさしい。　　　　　　　　　　　　　　　　◆

これらの性質によって, 普通の代数式と同じように, 合同式の項の順序を入れ替えたり, 括弧を付け替えてもよいことが保証された。

移項の規則: $a+b \equiv c$ ならば, $a \equiv c-b \pmod{m}$
も得られる。

9 去法

p.79 で, 大きな整数が 3 あるいは 9 で割り切れるか割り切れないかを判定する方法を述べた。これは合同式で扱

うと明快になる。

基礎になるのは，
$$10 \equiv 1, \ 10^2 \equiv 1, \ 10^3 \equiv 1, \ 10^4 \equiv 1, \ \cdots\cdots (\mathrm{mod}\ 9)$$

例 $n = 12345678$
$= 1 \cdot 10^7 + 2 \cdot 10^6 + 3 \cdot 10^5 + 4 \cdot 10^4 + 5 \cdot 10^3 + 6 \cdot 10^2 + 7 \cdot 10 + 8$
$\equiv 1 + 2 + 3 + 4 + 5 + 6 + 7 + 8$
$\equiv 36 \equiv 3 + 6 \equiv 9 \equiv 0 (\mathrm{mod}\ 9)$

そこで，n は 9 で割り切れる。

$1+2+3+4+5+6+7+8$ を計算するとき，端から順に足さないで，まとめて 9 ずつ消していけばよいので，**9 去法**の名が付いた。

9 去法を使えば，計算のチェックができる。
$$1415926535 \times 8979323846 = 12714062899909653610$$
という計算をしたとき，9 去すると，

　　左辺 → $41 \times 59 \to 5 \times 14 \to 5 \times 5 = 25 \to 7$

　　右辺 → $88 \to 16 \to 7$

であるから，この計算は正しいと思われる。しかし，$(\mathrm{mod}\ 9)$ の範囲の誤りは発見できない。

・計算が正しければ 9 去法をパスする。
・9 去法をパスしなければ，計算は誤り。
・9 去法をパスしても計算が正しいとは限らない。
・計算が誤りでも 9 去法をパスすることがある。

11 去法

これは，$(\mathrm{mod}\ 11)$ で，
$$1 \equiv 1, \ 10 \equiv -1, \ 10^2 \equiv 1, \ 10^3 \equiv -1, \ 10^4 \equiv 1, \ \cdots\cdots$$
であることを利用するもので，桁の 1 つおきに加減する。

$$n = 12345678$$
$$= 1\cdot10^7 + 2\cdot10^6 + 3\cdot10^5 + 4\cdot10^4 + 5\cdot10^3$$
$$+ 6\cdot10^2 + 7\cdot10 + 8$$
$$\equiv -1 + 2 - 3 + 4 - 5 + 6 - 7 + 8$$
$$\equiv 4 \pmod{11}$$

だから，n は11で割り切れない。

また，99去法，101去法などいろいろ工夫されているが，あまり実用にはなりそうもない。割ってみた方が早いが，理論的な問題に使われることがある。

11去法による検算

$$1415926535 \times 8979323846 = 12714062899909653610$$

は，11去すると，

左辺 $s_1 = 21 - 20 = 1$。$s_2 = 34 - 25 = 9$。$1 \times 9 \equiv 9 \pmod{11}$
右辺 $s = 43 - 45 = -2 \equiv 9 \pmod{11}$
$$s_1 \times s_2 \equiv s \pmod{11}$$

だから，この乗算は正しいと思われる。しかし，次の，

$$1415926535 \times 8979323846 = 12714062890909653610$$

は，9去法はパスするが，11去法はパスしない。

11去法の方が誤りの検出力が強い，なぜか。

割り算

割り算にはいろいろな問題点がある。

$3\cdot7 \equiv 3\cdot11 \pmod{6}$ は正しいが，両辺から3を約した $7 \equiv 11 \pmod{6}$ は誤りだ。だから，

$3x \equiv 9 \pmod{6}$ を解いて，$x \equiv 3 \pmod{6}$

としてよいかどうか。

第5章●整数の合同

だんだんわかるように，法の値によってたいへん違う。法が6の場合と7の場合の乗算表を観察しよう。

法6の乗算表

	0	1	2	3	4	5
0	0	0	0	0	0	0
1	0	1	2	3	4	5
2	0	2	4	0	2	4
3	0	3	0	3	0	3
4	0	4	2	0	4	2
5	0	5	4	3	2	1

法7の乗算表

	0	1	2	3	4	5	6
0	0	0	0	0	0	0	0
1	0	1	2	3	4	5	6
2	0	2	4	6	1	3	5
3	0	3	6	2	5	1	4
4	0	4	1	5	2	6	3
5	0	5	3	1	6	4	2
6	0	6	5	4	3	2	1

まずわかることは，対角線について対称であること。

●**問** これは，合同式の基本性質 T5-2 のどれを反映しているか。

さて，この2つの表を比べてみると，(mod 7) の方は，0から6までが万遍なく現れているが，(mod 6) の方は異なる。0から $p-1$ までの数字が1通り現れることを（ここだけだが）**正則**と呼ぶことにすると，(mod 7) の表では，0以外のすべての行とすべての列が正則であるが，(mod 6) の表では1と5の行と列だけが正則で，他の行や列は0がいくつもあったり，同じ数字が繰り返したりしている。

(mod 7) の表から始める。

$$3\cdot 4\equiv 5\pmod{7} \quad \text{だから，} \quad \frac{5}{3}\equiv 4\pmod{7}$$

$$4\cdot 2\equiv 1\pmod{7} \quad \text{だから，} \quad \frac{1}{4}\equiv 2\pmod{7}$$

他も同様で，0以外のどの数でも割ることができて，答えも1通りに決まる。つまり，加算・減算・乗算のほかに**除算**（割り算）もできる。

ところが，(mod 6) では違う。

2の行には4が2箇所あるから，$\frac{4}{2}$ (mod 6) は決まらない（不定）。また3の行には5がないのだから，$\frac{5}{3}$ はできない（不能）。

また不思議なことには，

$2 \not\equiv 0$，$3 \not\equiv 0$ なのに，$2\cdot 3 \equiv 6 \equiv 0 \pmod{6}$

0でない2つの数を掛けて0になった。このような数を**零因子**（Null divisor）といって，事情を難しくする要因ともなる。

どのようなときに除算ができるのか。

$\frac{b}{a} = b \cdot \frac{1}{a}$ であるから，(mod n) で除算ができるのは，分母 a の逆数が (mod n) で存在する場合である。いま，$(a, n) = 1$ とすると，d の表示式によって，

$$ax + ny = 1$$

のような x と y が存在する。(mod n) では，

$$ax \equiv 1 \pmod{n}$$

が得られ，x は (mod n) で a の逆数である。つまり，

「法と互いに素な数には逆数がある」

ことがわかった。

この目で (mod 6) と (mod 7) の乗算の表を見直すと，たいへん明快だ。6と互いに素なのは1と5しかないから，(mod 6) の表では1と5の行と列だけが正則。また，7は素数だから，1, 2, 3, 4, 5, 6はすべて7と互いに素で，

(mod 7) では 0 以外のすべての行と列が正則である。

まとめよう。

> **T 5-3**
>
> 法 n と互いに素な数だけを集めれば，それらの間で (mod n) の乗算・除算ができる。
>
> p を素数とすれば，すべての整数の間で (mod p) の加・減・乗・除算（分母$\not\equiv$0）ができる。

ウィルソンの定理

$p=13$ として，
$$(13-1)! = 1\cdot 2\cdot 3\cdot 4\cdot 5\cdot 6\cdot 7\cdot 8\cdot 9\cdot 10\cdot 11\cdot 12$$
を考える。(mod 13) の乗算表を作ってみると，0 以外のどの行にも1があり，
$$2\cdot 7\equiv 3\cdot 9\equiv 4\cdot 10\equiv 5\cdot 8\equiv 6\cdot 11\equiv 1 \pmod{13}$$
のようなペアになっている。残った1と12は，
$$1\cdot 12\equiv -1 \pmod{13}$$
そこで，
$$(13-1)! \equiv -1 \pmod{13}$$

合成数の場合はこうはいかない。$n=pq>4$ とすると，$(n-1)!$ の中に p と q あるいは，それらの倍数が現れるのだから，
$$(n-1)! \equiv 0 \pmod{n}$$
$$(12-1)! \equiv 0 \pmod{12}$$

$n=2$ に対しては，上の議論は当てはまらないが，次の定理の結果は成り立つ。

T 5-4

ウィルソンの定理

正整数 n が素数のとき,そのときに限って,
$$(n-1)! \equiv -1 \pmod{n}$$

しかし,階乗の計算量を考えれば,残念ながら素数性の判定には役に立たない。

5-4 ベキ乗の計算

これから,ベキ乗計算 $a^b \equiv c \pmod{p}$ をたくさんするので,その計算法を考える。

まず法に注意。

p.147の T5-1 で証明したように,

$a \equiv b \pmod{m}$ ならば,$a^2 \equiv b^2$, $a^3 \equiv b^3$,
……,$a^c \equiv b^c \pmod{m}$

であるが,

$$c^a \equiv c^b \pmod{m}$$

とはならないことを注意した。

第9章の「原始根と指数」の節で,p が素数のとき

$a \equiv b \pmod{p-1}$ ならば $c^a \equiv c^b \pmod{p}$

であることを証明する。

例 $p=7$,$p-1=6$ とすれば,

$2 \equiv 8 \pmod{6}$ だから $2^2 \equiv 2^8 \pmod{7}$

ちょっと注意

数値が小さい場合でも,多少の工夫をするとよい。

第5章 ● 整数の合同

例 $x \equiv 32^{41} \pmod{17}$

決して,「32を40回かけよう」などという考えを起すな。
まず,

$32 \equiv -2 \pmod{17}$　$41 \equiv 9 \pmod{16}$　(法に注意!)

であるから,

$$x \equiv (-2)^9 \pmod{17}$$

とすれば,数値が小さくて計算が楽だ。暗算でもできる。

$$(-2)^1 \equiv -2 \pmod{17}$$
$$(-2)^2 \equiv 4 \pmod{17}$$
$$(-2)^4 \equiv 16 \equiv -1 \pmod{17}$$
$$(-2)^8 \equiv 1 \pmod{17}$$

ベキ乗を作る。途中でもいつも (mod 17) で還元する。
そこで,

$x \equiv (-2)^9 \equiv (-2)^{8+1} \equiv 1 \times (-2) \equiv -2 \equiv 15 \pmod{17}$

これからあと,このような計算をする機会がたくさんあるので,うまく計算できるようよく練習せよ。

数値が大きい場合

$$x \equiv 45^{53} \pmod{89}$$

まず,ベキ指数53を2進展開すると,

$$(53)_{10} = (110101)_2$$

そこで,45のベキを (mod 89) で,

$45^1 \equiv 45$, $45^2 \equiv 67$, $45^4 \equiv 39$, $45^8 \equiv 8$, $45^{16} \equiv 64$, $45^{32} \equiv 2$

と計算し,これらを $(110101)_2$ の下に逆順に並べる。

```
53    =   ( 1   1   0   1   0   1 )₂
45のベキ     2  64   8  39  67  45
```

上の1に対応するものを拾い出して,

$$45^{53} \equiv 2 \times 64 \times 39 \times 45 \equiv 4 \pmod{89}$$

指数の利用

　数値計算における対数計算に対応する指数計算という方法がある。詳しい説明は第9章の話題だが、便利なものは早く使った方がよいので、証明せず先取りしよう。

　対数計算のベキ乗の公式は、
$$\log(a^n) = n \cdot \log(a)$$
であった。そうして、$x = a^n$ は、

$$\begin{array}{ccc} a & \to & \log(a) \\ & \times & n \\ a^n & \leftarrow & n \cdot \log(a) \end{array}$$

のような手順で行った。

　$(\bmod\ p)$ の計算で、対数に相当するのが**指数**という整数である。素数 p に対して原始根と呼ばれる正整数 g があって、c に対し $g^b \equiv c \pmod{p}$ となる b が存在する。

　$g^b \equiv c \pmod{p}$ $\Leftrightarrow$ $b \equiv \text{Ind}_g(c) \pmod{p-1}$

で関数 $\text{Ind}_g(x)$ を定義する。これは $(\bmod\ p-1)$ の範囲で決まるので、$0 \leq \text{Ind}_g(x) < p-1$ のように選び、g を底とする指数という。これが $(\bmod\ p)$ の計算で対数に相当する役割をする（以下では、g は省略）。

　公式も対数とよく似ている。

$$\text{Ind}(a) + \text{Ind}(b) \equiv \text{Ind}(ab) \pmod{p-1}$$
$$\text{Ind}(a^n) \equiv n\text{Ind}(a) \pmod{p-1}$$

で $x = a^n \pmod{p}$ の計算手順は、

$$\begin{array}{ccc} a & \to & \text{Ind}(a) \\ & \times & n \end{array}$$

$$a^n \;\leftarrow\; n\mathrm{Ind}(a)$$

である。

対数計算には対数表が必要なように,指数計算には指数表がいる。これは近似計算ではない。巻末に $3 \leq p \leq 97$ の指数表を載せたが,その一部分を抜粋した。

$p : 3 \leq p \leq 17$ の指数表

p	3	5	7	11	13	17
1	0	0	0	0	0	0
2	1	1	2	1	1	14
3		3	1	8	4	1
4		2	4	2	2	12
5			5	4	9	5
6			3	9	5	15
7				7	11	11
8				3	3	10
9				6	8	2
10				5	10	3
11					7	7
12					6	13
13						4
14						9
15						6
16						8

$a^b \equiv c \pmod{p}$ の計算を始める前に,

  $a \geq p$ ならば $(\bmod\ p)$ で a を,

  $b \geq p-1$ ならば $(\bmod\ p-1)$ で b を

それぞれ減らしておくとよい。理由は,p.250 を見よ。

例 1　　　　　　　$n \equiv 214^{347} \pmod{17}$

$214 \equiv 10 \pmod{17}$, $347 \equiv 11 \pmod{16}$ だから,

$$n \equiv 10^{11} \pmod{17}$$

を計算すればよい。両辺の指数をとって,

$$\text{Ind}(n) \equiv 11 \cdot \text{Ind}(10)$$
$$\equiv 11 \cdot 3 \equiv 1 \pmod{16}$$

指数表を逆に見て,

$$n \equiv 3 \pmod{17}$$

例 2　$x \equiv 11^n \pmod{13}$, $(n = 1, 2, \cdots\cdots, 12)$ の表を作れ。

$$\text{Ind}(x) \equiv n \text{Ind}(11) \equiv 7n \pmod{12}$$

n	1	2	3	4	5	6	7	8	9	10	11	12
$7n \pmod{12}$	7	2	9	4	11	6	1	8	3	10	5	0
$x \equiv 11^n$	11	4	5	3	7	12	2	9	8	10	6	1

●**問**　いろいろな方法で計算せよ。

（1）　$331^{55} \pmod{11}$　　　　（2）　$165^{901} \pmod{13}$

5-5 剰余類

剰余類

これまで, 例えば,

$$4 + 5 \equiv 2 \pmod{7} \quad 4 \cdot 5 \equiv 6 \pmod{7}$$

のような計算をしてきた。また, 代入してみれば,

$$3x \equiv 4 \pmod{7} \text{ の解は } x \equiv 6 \pmod{7}$$

であることもわかる。

実はこれらの計算は、これら特別の整数 4, 5, 2, 6, 3, 4 だけの計算ではないので、それらと (mod 7) で合同な、

$11+26 \equiv 37 \pmod{7}$ $18 \cdot 12 \equiv 13 \pmod{7}$

$10x \equiv 18 \pmod{7}$ の解は、$x \equiv -15 \pmod{7}$

なども同時に表していることに注意！

いま、(mod 7) で合同な整数どうしを集めて、整数全体を次の 7 個の部分集合：

$C_0 = \{\cdots\cdots, -21, -14, -7, 0, 7, 14, \cdots\cdots\}$
$C_1 = \{\cdots\cdots, -20, -13, -6, 1, 8, 15, \cdots\cdots\}$
$C_2 = \{\cdots\cdots, -19, -12, -5, 2, 9, 16, \cdots\cdots\}$
$C_3 = \{\cdots\cdots, -18, -11, -4, 3, 10, 17, \cdots\cdots\}$
$C_4 = \{\cdots\cdots, -17, -10, -3, 4, 11, 18, \cdots\cdots\}$
$C_5 = \{\cdots\cdots, -16, -9, -2, 5, 12, 19, \cdots\cdots\}$
$C_6 = \{\cdots\cdots, -15, -8, -1, 6, 13, 20, \cdots\cdots\}$

に分ける。それぞれの部分集合を (mod 7) の**剰余類**という。C の添え字は、それぞれの乗余類の 1 つの代表を書いた。代表の選び方はいろいろあるが、集合としては、

$$C_4 = C_{11} = \cdots\cdots = C_{-3} = \cdots\cdots$$

である。そうして、代表選手の計算結果で類の計算結果を決めよう。

$$C_4 + C_5 = C_2 \qquad C_4 C_5 = C_6$$

≡ ではなくて = であることに注意。

運動会のクラス対抗ならば、代表選手の選び方におおいに関係するだろうが、剰余類の計算では、例えば、
$x \equiv 4, \ y \equiv 5 \pmod{7}$ ならば $x+y \equiv 4+5 = 9 \equiv 2 \pmod{7}$

で，この答えは代表選手の選び方によらない。

そこで，(mod 7) の合同計算はそのまま剰余類の計算を示すことになる。

集合の類別

上で，整数全体を 7 つの部分集合に分けた。これは数学で類別と呼ばれている操作である。

（整数に限らず）2 つの対象の間の関係が **2 項関係**だが，数学で重要なのは同値関係という 2 項関係である。

いま a と b の間の関係を $a \sim b$ と書くとき，
（1） 反射律：$a \sim a$
（2） 対称律：$a \sim b$ ならば $b \sim a$
（3） 推移律：$a \sim b$，$b \sim c$ ならば $a \sim c$
を満足する関係が**同値関係**である。

例 1. 人の集合を S とし，a と b が同性であることを，$a \sim b$ と定義すると，この 2 項関係は同値関係である。確かめるまでもないであろう。

例 2. ある 10 人兄弟の集合で，「a は b の兄である」を，$a \sim b$ と定義すれば，これは 2 項関係ではあるが同値関係ではない。満足するのは (3) だけ。

例 3. 整数の集合を S，正整数を m とする。
$a \equiv b \pmod{m}$ は同値関係である。

例 4. $a \mid b$ は 2 項関係であるが，同値関係ではない。条

件（1）と（3）は満足するが，（2）は駄目。$2\mid 4$ だが $4\mid 2$ ではない。

類　別

集合 S に同値関係 $a\sim b$ が定義されているとき，同値なもの同士を集めて分類することを，S の**類別**という。
$$S = A \cup B \cup C \cup \cdots\cdots$$
だが，A，B，C たちには共通要素はない。

ここで，便利な記号を1つ。m を整数とするとき，m の倍数全体の集合を，
$$m\mathbf{Z} = \{x \mid x = km,\ k \text{ は整数}\}$$
と書く。例えば，
$$2\mathbf{Z} = \{\cdots\cdots, -6, -4, -2, 0, 2, 4, 6, \cdots\cdots\}$$
$$5\mathbf{Z} = \{\cdots\cdots, -15, -10, -5, 0, 5, 10, 15, \cdots\cdots\}$$

整数全体の集合 $\mathbf{Z}$ を偶数全体の集合 C_0 と奇数全体の集合 C_1 に分けることは，
$$a \equiv b \pmod{2} \quad \Leftrightarrow \quad 2 \mid a-b$$
という同値関係で類別することになるが，このようにして得られた類の集合を
$$\mathbf{Z}/2\mathbf{Z}$$
と書く。一般に，同値関係
$$a \equiv b \pmod{m} \quad \Leftrightarrow \quad a-b \in m\mathbf{Z}$$
で類別すれば，
$$\mathbf{Z}/m\mathbf{Z}$$
が得られる。

$m = 2, 7$ ならば，

$$\mathbf{Z}/2\mathbf{Z} = \{C_0,\ C_1\}$$
$$\mathbf{Z}/7\mathbf{Z} = \{C_0,\ C_1,\ C_2,\ C_3,\ C_4,\ C_5,\ C_6\}$$

同じ C で書いたが，もちろん m によって内容は異なる。

剰余環と剰余体

前で説明したように，C たちの間の加減乗除は，それに属する整数の加減乗除で決まる。そうして，計算のために選んだ代表選手にはよらない。

T 5-5

m を正整数とするとき，$\mathbf{Z}/m\mathbf{Z}$ は環になる。

もうだいぶ前だが，p.34 で環の公理を挙げた。そこで存在を主張している零・反数・単位は $\mathbf{Z}/m\mathbf{Z}$ ではどのような類になるか。

T 5-6

p を素数とするとき，$\mathbf{Z}/p\mathbf{Z}$ は体になる。

体の公理は p.66 に挙げてある。体が環と違うのは，逆元の存在である。p が素数のときには $(\bmod\ p)$ で逆数が存在することは，p.152 で詳しく研究した。

$\mathbf{Z}/p\mathbf{Z}$ は要素の数が有限個なので，**有限体**という。F_p と書くことが多い。

素数とは限らない一般の正整数 m が法の場合はどうか。

第5章●整数の合同

p. 151 の (mod 6) の表では，6 と互いに素な 1 と 5 には逆数があった。法 m と互いに素な類を**既約剰余類**と呼ぶのだが，既約剰余類だけを集めれば，やはり逆数がある。しかし加算について閉じていることは保証されないので，体になるとはいえない。

T 5-7

$\mathbf{Z}/m\mathbf{Z}$ で，既約剰余類だけを集めれば，乗法群となる。これを $(\mathbf{Z}/m\mathbf{Z})^*$ と書く。

実をいうと，T5-5～T5-7 のようなことがわかっても，これだけでは事実を述べただけである。ここではできないけれども，代数学の群や環や体の一般理論を学べば，その1つの例として，初等整数論のいろいろな結果が容易に導ける。読者の研究を望む [Ba]。

練習問題 5

Q1 次の式は正しいか。
(1) $3 \cdot 5 \equiv 3 \cdot 13 \pmod{4}$, $5 \equiv 13 \pmod{4}$
(2) $7 \cdot 18 \equiv 7 \cdot (-2) \pmod{10}$, $18 \equiv -2 \pmod{10}$
(3) $3 \cdot 4 \equiv 3 \cdot 14 \pmod{6}$, $4 \equiv 14 \pmod{6}$

Q2 合同についての反射律と対称律を証明せよ。

Q3 n を自然数とするとき，$2^{2n+1}+1$ は 3 で割り切れることを示せ。

Q4 次の合同式を証明せよ。$9^{n+1} \equiv 8n+9 \pmod{64}$

Q5 プリンターの故障で，1つの数字が x に化けてしまった。再計算をせずに，x を定めよ。
$$172195 \times 572167 = 98524x96565$$

Q6 $123456789 \times 987654321 = 121932631112635260$
という計算をした。9去法でチェックせよ。11去法でもチェックせよ。

Q7 3^{1234} の末位 2 桁の数を求めよ。

Q8 n を任意の整数とするとき，n^2+1 の奇数の素因数は $4k+1$ の型であることを示せ。

第5章 ● 整数の合同

Q9 いろいろな方法で計算せよ。
(1) $331^{55} \pmod{29}$ (2) $165^{901} \pmod{97}$

Q10 $a \equiv b \pmod{p}$ ならば $a^p \equiv b^p \pmod{p^2}$ であることを証明せよ。

Q11 $x^2 - 3y^2 = 17$ は整数解をもたないことを示せ ($\pmod 3$ で考えよ)。

第6章 いろいろな方程式

初等代数と同じように初等整数論でも方程式は重要なテーマである。ただし,初等代数と違うのは,
解としては整数,場合によっては正整数に限定する。
特別な条件がつかなければ,一般に解はいくつかの有限個の整数ではなくて,ある整数に合同な整数全体となる。

6-1 1次合同方程式

例を挙げれば,

$$3x \equiv 5 \pmod{7} \qquad (1)$$
$$4x \equiv 15 \pmod{17} \qquad (2)$$
$$7x \equiv 15 \pmod{14} \qquad (3)$$
$$21x \equiv 14 \pmod{28} \qquad (4)$$

のような,未知数 x について1次である合同式で表される方程式を**1次合同方程式**という。「未知数の値を求めたい」という目的のときは合同方程式,そうでないただの式を合同式ということにした。

普通の方程式でも解がないことがあった。そこで,合同方程式についてもまずこれを調べる。解が存在しないことも知らずに一生懸命に解こうとしても,無駄骨折りだ。

上の例の中で,(3)は $7x = 15 + 14k$ と書いてみればわかるように,15 は,係数 7 と法14の最大公約数 $(7, 14) = 7$ で割り切れないから,解はない。

また(4)は $(21, 28) = 7$ で全体を割ってやれば,

$$3x \equiv 2 \pmod{4}, \quad (3, 4) = 1$$

第6章●いろいろな方程式

となる。

1次合同方程式の一般形を,
$$ax \equiv b \pmod{m}, \quad a \not\equiv 0 \pmod{m}$$
とする。

1つの解 x_1: $ax_1 \equiv b \pmod{m}$
があったとする。$x \equiv x_1 \pmod{m}$ ならば, 当然,
$$ax \equiv ax_1 \equiv b \pmod{m}$$
だから, x_1 に合同な x はすべて解である。

また, 別の解 x_2: $ax_2 \equiv b \pmod{m}$
があったとすると,
$$a(x_1 - x_2) \equiv 0 \pmod{m},$$
$(a, m) = 1$ ならば,
$$x_1 - x_2 \equiv 0, \quad x_1 \equiv x_2 \pmod{m}$$
$(a, m) = d$ ならば,
$$x_1 - x_2 \equiv 0, \quad x_1 \equiv x_2 \pmod{\frac{m}{d}}$$
まとめておく。

T 6-1

1次合同方程式
$$ax \equiv b \pmod{m}, \quad a \not\equiv 0 \pmod{m}$$
で, $(a, m) = d$ と置く。

(1) $d = 1$ ならば, $\pmod{m}$ でただ1つの解がある。

(2) $d > 1, d \mid b$ ならば, $\pmod{\frac{m}{d}}$ でただ1個の解 $\pmod{m}$ で d 個の解がある。

(3) $d \nmid b$ ならば解はない。

数値が小さい例

例1. $\qquad 4x \equiv 3 \pmod{7}$

$(4, 7) = 1$ だから,解は存在する。解は 0, 1, 2, 3, 4, 5, 6 のどれか。暗算で,

$$4 \cdot 6 \equiv 24 \equiv 3 \pmod{7} \qquad (1)$$

がすぐにわかるから,解は,

$$x \equiv 6 \pmod{7}$$

例2. $\qquad 123x \equiv 45 \pmod{13}$

$123 \equiv 6$, $45 \equiv 6 \pmod{13}$ だから,

$$6x \equiv 6 \pmod{13}$$

$(6, 13) = 1$ だから,6を約して

$$x \equiv 1 \pmod{13}$$

●**問** 次を解け。

(1) $14x \equiv 5 \pmod{45}$ $\qquad$ (2) $6x \equiv 10 \pmod{17}$

a の逆元を使う方法

例3. $\qquad 45x \equiv 56 \pmod{79}$

45の逆数を y とすると,

$$45y \equiv 1 \pmod{79} \;\Rightarrow\; 45y + 79z = 1$$

で特別解を求める。

$$45(-7) + 79 \cdot 4 = 1 \;\Rightarrow\; 45(-7) \equiv 1 \pmod{79}$$

そこで,45の逆数は-7であることがわかり,これを両辺にかければ,解は,

$$x \equiv 56(-7) \equiv 3 \pmod{79}$$

第6章●いろいろな方程式

簡便な方法

先の計算は，係数に互除法を行ってから逆に代入するなど，なかなか手数がかかる。これを簡便に行うのが次の方法である。

例4．　　　　　　　$45x \equiv 56 \pmod{79}$　　　　　　　（1）
（当然成り立つ）　$79x \equiv 79 \pmod{79}$　　　　　　　（2）
（2）−（1）　　　$34x \equiv 23 \pmod{79}$　　　　　　　（3）
（1）−（3）　　　$11x \equiv 33 \pmod{79}$

$(11, 79) = 1$ だから，両辺を11で約せて（これは偶然）。解は，
$$x \equiv 3 \pmod{79}$$

もちろん，ヤミクモに足したり引いたりしてはいけない。互除法を意識しながら進めていけば普通は間違いもないが，いつも前の式と同値かどうかを確かめながら進むのも面倒なので，得られた解を問題に代入して確かめれば安全である。

解がいくつもある例

例5．　　　　　　　$21x \equiv 28 \pmod{98}$

$(21, 98) = 7 \mid 28$ だから，解がある。

　　　　　　　　　$3x \equiv 4 \pmod{14}$　　　　　　　　（1）
（当然成り立つ）　$14x \equiv 14 \pmod{14}$　　　　　　　（2）
（1）×5−（2）　　$x \equiv 6 \pmod{14}$　　　　　　　　　（3）

これが $\pmod{14}$ での解である。

与えられた合同式は $\pmod{98}$ だから，それに揃えたいならば，（3）から，
$$x \equiv 6,\ 20,\ 34,\ 48,\ 62,\ 76,\ 90 \pmod{98}$$
が解である。

●問　$21x \equiv 18 \pmod{33}$ を解け。

●問　$14x \equiv 5 \pmod{45}$ を解く。　　　　　　　　　（1）

次の計算は正しいか。誤っていればどこがいけないか。$\equiv$ はすべて $\pmod{45}$ とする。

$$45x \equiv 45 \qquad (2)$$
$(2)-(1)$　$31x \equiv 40$　　　　　　　　　（3）
$(1)-(3)$　$-17x \equiv -40$　　　　　　　　（4）
$(4)+(1)$　　$4x \equiv 35 \equiv 80$
　　　　　　　$x \equiv 20$

6-2 連立合同方程式

未知数が2つ以上の場合

すぐ思いつくように，未知数を順に消去していく。

例1．　　　　　$5x+4y \equiv 6 \pmod{7}$　　　　（1）
　　　　　　　$3x-2y \equiv 6 \pmod{7}$　　　　（2）
$(1)+(2)\times 2$　　$11x \equiv 18 \pmod{7}$
　　　　　　　　　$4x \equiv 4 \pmod{7}$

$(4,7)=1$ だから，両辺から4を約せ，

　$x \equiv 1 \pmod{7}$　　代入して　$y \equiv 2 \pmod{7}$

未知数は1つで式が2つ以上の場合

連立1次不定方程式に帰着させる方法もあるが，ここでは特別な工夫をする。

例2．　　　　　$x \equiv a \pmod{5}$　　　　　（1）
　　　　　　　$x \equiv b \pmod{7}$　　　　　（2）

第6章 ● いろいろな方程式

(1)×7　　　　　　　$7x \equiv 7a \pmod{35}$　　　　　(3)
(2)×5　　　　　　　$5x \equiv 5b \pmod{35}$　　　　　(4)
(3)-(4)　　　　　　$2x \equiv 7a - 5b$
　　　　　　　　　　　$\equiv 42a + 30b \pmod{35}$
　　　　　　　　　　$x \equiv 21a + 15b \pmod{35}$

なお，次の方法は面白い。与えられた(1)と(2)を，

$$\begin{cases} x_1 \equiv 1 \pmod 5 \\ x_1 \equiv 0 \pmod 7 \end{cases} \qquad \begin{cases} x_2 \equiv 0 \pmod 5 \\ x_2 \equiv 1 \pmod 7 \end{cases}$$

の2組に分解する。上の方法でそれぞれ解いてみよ。

　　　$x_1 \equiv 21 \pmod{35}$　　　$x_2 \equiv 15 \pmod{35}$

そこで，与えられた(1)，(2)の解は，x_1 と x_2 を合成して，

$$x \equiv ax_1 + bx_2 \equiv 21a + 15b \pmod{35}$$

となる。この方法は，x, x_1, x_2 を，

$$x(x \pmod{m_1},\ x \pmod{m_2})$$
$$x_1(x_1 \pmod{m_1},\ x_1 \pmod{m_2})$$
$$x_2(x_2 \pmod{m_1},\ x_2 \pmod{m_2})$$

と成分表示するベクトルのようにみなしている。

$$x(a, b) = ax_1(1, 0) + bx_2(0, 1)$$

『塵劫記』より

　江戸時代に非常に発達した日本独特の数学を**和算**という。その初期のベストセラーになった『塵劫記』という本があり，その中に次のような「百五減算」という問題がある [Oy]。

「半ばかりをきゝかづを云事なり。先七づゝ引時，二つ残ると云。又五つひく時，一つ残ると云。又三づゝ引時，二

つ残ると云時に，此半ばかりを聞て惣数を知る」

　いま，この数をxとすると，問題は，
$$x\equiv 2 \pmod{7}$$
$$x\equiv 1 \pmod{5}$$
$$x\equiv 2 \pmod{3}$$
となる。

『塵劫記』では，和算の常として，答えだけあるいは答えを出す手順しか書いてない。ちょっと長いが，表現が面白いので引用しておくから，判読されたい。

「惣数八十七あるといふなり。

　先七づゝ引時の半一つを，十五づゝのさん用に入，三十とおき，又五づゝ引時の半一つを，二十一と入て置。又三づゝの時の半を，一つを七十づゝのさん用にして百四十と入て，三口合百九十一有時，百にあまる時には百五はらい，のこり八十六といふなり」

　答えを得るための途中の推論のプロセスはわからない。前ページ上の方法で解いてみよう。

$u\equiv v \pmod{m}$，$k>0$ のとき
$$ku\equiv kv \pmod{m}, \quad ku\equiv kv \pmod{km}$$
であることを使った。

	$x\equiv a \pmod{7}$	（1）
	$x\equiv b \pmod{5}$	（2）
	$x\equiv c \pmod{3}$	（3）
（1）×5	$5x\equiv 5a \pmod{35}$	（4）
（2）×7	$7x\equiv 7b \pmod{35}$	（5）

第6章 ● いろいろな方程式

(5)−(4)　　　　$2x \equiv -5a + 7b \pmod{35}$　　　　(6)

(3)×35　　　　$35x \equiv 35c \pmod{105}$　　　　(7)

(6)×18−(7)　　$x \equiv -90a + 126b - 35c \pmod{105}$
$$\equiv 15a + 21b + 70c \pmod{105}$$

そこで，

$$x = 15a + 21b + 70c + 105t, \quad t \text{ は任意の整数}$$

『塵劫記』の答えはこの手続きを言っている。問題は，$a=2$, $b=1$, $c=2$ であったから，

$$x = 191 + 105t$$

(どうしてだか) 100を超えるときには105を引くというので，$t=-1$ として，

$$x = 86$$

なお，2変数の場合と同様に，与えられた合同方程式を次の3組，

$$\begin{cases} x_1 \equiv 1 \pmod{7} \\ x_1 \equiv 0 \pmod{5} \\ x_1 \equiv 0 \pmod{3} \end{cases} \begin{cases} x_2 \equiv 0 \pmod{7} \\ x_2 \equiv 1 \pmod{5} \\ x_2 \equiv 0 \pmod{3} \end{cases} \begin{cases} x_3 \equiv 0 \pmod{7} \\ x_3 \equiv 0 \pmod{5} \\ x_3 \equiv 1 \pmod{3} \end{cases}$$

3組に分解してそれぞれを解き，これらを線形結合して，

$$x \equiv ax_1 + bx_2 + cx_3 \pmod{105}$$

とすることもできる。

●問　これを実行してみよ。

　この問題を一般化した次の定理は**中国の剰余定理**あるいは**孫子の剰余定理**と呼ばれている。1000年も昔に中国で知られていたという。

> **T 6-2**
>
> 連立合同方程式
> $$x \equiv a \pmod{m_1}$$
> $$x \equiv b \pmod{m_2}$$
> $$x \equiv c \pmod{m_3}$$
> は,
> $$(m_1, m_2) = (m_1, m_3) = (m_2, m_3) = 1$$
> のとき, $(\mathrm{mod}\ m_1 m_2 m_3)$ について, ただ1つの解を持つ.

6-3 不定方程式

ディオファントス方程式

1グラム当たり13円のお茶Aと1グラム当たり17円のお茶Bを何グラムかずつ買って, 合わせて19300円を支払ったという. それぞれ何グラム買ったか.

「合わせて何グラム買ったかがわからなければ答えが確定するはずがない」と思うであろう. その通りである.

Aを x グラム, Bを y グラム買ったとすると, 方程式は
$$13x + 17y = 19300$$
の1本しかない. お茶の問題を離れて, 普通の代数の方程式とみたとき, もしも x を先に決めれば,
$$y = (19300 - 13x) \div 17$$
で, (分数になるが) y が決まる. x は勝手だから, 答えは決まらない.

それでは次のような問題ではどうか.

1缶1300円のお茶Aと1缶1700円のお茶Bを何缶かずつ

買って,合わせて19300円を払った。それぞれ何缶買ったか。

方程式は,
$$1300x + 1700y = 19300 \quad (*)$$
簡約して,
$$13x + 17y = 193$$

ディオファントス(250年頃)

ディオファントスというのは古代のギリシャの数学者である。ギリシャ数学は幾何学が主流であったが,ディオファントスは珍しく代数学を研究した。

ディオファントスの生涯についてはほとんど知られていないが,よく知られた言い伝えとして,

「ディオファントスの少年時代は,彼の生涯の$\frac{1}{6}$で,彼のヒゲは$\frac{1}{12}$を過ぎてからはえ始め,$\frac{1}{7}$を過ぎてから結婚し,5年後に子供が生まれた。子供は彼の生涯の半分だけ生きた。父は子供の死後4年目に死んだ」

というのがある。

ディオファントスの最大の業績は,『アリトメティカ(数論)』13巻である。その中の有名な問題を挙げておこう。

「与えられた平方数を2つの平方数に分けること」
「奇数を2つの平方数の和で表すこと」
「$4n+3$の型の奇数は2つの平方数の和にはならないこと」

などがある。

『アリトメティカ』はのちにラテン語に翻訳され,フェルマーはこれを読んで整数論の研究を始めたというのは,数学史上よく知られた話である。

が得られる。方程式は前のと似ているが、今度は缶で買うのだから、xもyも非負整数であるという制限がつく。答えが決まりそうな気がする。

この節で研究するのは、未知数の個数よりも方程式の個数が少ない。このような方程式の整数解あるいは有理数解を求める問題である。このような方程式を**ディオファントス方程式**という。

ディオファントスのアリトメティカでは、証明はすべて省略してあるが、これらの証明や拡張から近代整数論が開けた。

さて、次に示すように、1次不定方程式は1次合同方程式と同等である。

例1. $\qquad 13x + 17y = 193 \qquad\qquad (1)$

これは、法を13とした、
$$17y \equiv 193 \pmod{13} \qquad (2)$$
とも、法を17とした、
$$13x \equiv 193 \pmod{17} \qquad (3)$$
とも同等である。

p.168で研究した方法で(2)を解いてみよう。

$\quad 17y \equiv 193 \pmod{13} \qquad 4y \equiv 11 \pmod{13}$

これを解くと、
$$y \equiv 6 \pmod{13}$$
すなわち、
$$y = 6 + 13t, \quad t は任意の整数$$
(1)に代入して、
$$x = 7 - 17t$$

別法 もしも、合同方程式の知識を使わずに解くならば、

第6章●いろいろな方程式

計算は長くなるが，次のようにする。

とにかく解を1つ見つけたい。それには，p.95で研究したdの表示式を使う。復習のつもりで計算していただきたい。

13と17の最大公約数は1で，特別解，
$$13\cdot 4+17(-3)=1$$
が得られる。(1)と並べてみると，

$$13x+17y\quad\quad =193 \quad\quad\quad (1)$$
$$13\cdot 4+17(-3)=\quad 1 \quad\quad\quad (2)$$

(1)−(2)×193

$$13(x-772)+17(y+579)=0 \quad\quad\quad (3)$$

(1)と(2)の組，(1)と(3)の組，(2)と(3)の組は同値である。

第2項は17で割り切れるから，第1項も17で割り切れ，$(13,17)=1$だから，

$$17\mid (x-772)$$

これから，

$$x\equiv 772\equiv 7(\mathrm{mod}\ 17)$$
$$x=7+17t$$
$$y=6-13t$$

tは整数で，これが**一般解**である。このtを$-t$で置き換えれば、前ページの解となる。

特別解は1通りではないので，それを基にして作った一般解の見かけ上の形は1通りではない。簡単な例で説明すると，

$$7x+5y=3$$

数値が小さいから，暗算で特別解が見つけられる。

$x=-2$, $y=3$ を選べば，
$$x=-6+5t, \quad y=9-7t$$
で，$x=3$, $y=-4$ を選べば，
$$x=9+5s, \quad y=-12-7s$$
が得られる。見かけ上は違うようだが，$s=t-3$ と変換すれば同じになる。

例2． 例1の不定方程式は解けたが，これがp.174のような具体的な問題とすれば，付帯条件がある。

付帯条件

x も y も缶の個数だから，非負整数である。そこで，
$$x=7+17t \geqq 0, \quad y=6-13t \geqq 0$$
これを解いて，
$$-0.41\cdots\cdots \leqq t \leqq 0.46\cdots\cdots, \quad t=0$$
代入して，答えは，
$$x=7, \quad y=6$$

●問
$$7x+5y=51$$
を上の2通りの方法で解いてみよ。また $x>0$, $y>0$ という条件をつけるとどうなるか。

例3．
$$12x+16y=7$$

問題を見ただけで，左辺は4で割り切れるのに右辺はそうでないのだから，解があるはずはない。

この1次不定方程式は不能である。

一般に，$(a, b) \mid c$ は，
$$ax+by=c$$
が解を持つための必要十分条件である。

第6章 ● いろいろな方程式

定理として、まとめておく。

> **T 6-3**
>
> 1次不定方程式
> $$ax+by=c$$
> は、$(a,b)=d$ とするとき、
> (1) $d=1$ ならば解がある。x_0, y_0 を1組の特別解とすれば、一般解は、
> $x=x_0+bt, y=y_0-at$, t は任意の整数
> (2) $d>1$, $d \mid c$ ならば解がある。x_0, y_0 を1組の特別解として、一般解は、
> $x=x_0+\dfrac{b}{d}t, y=y_0-\dfrac{a}{d}t$, t は任意の整数
> (3) $d \nmid c$ ならば、解はない。

もちろん(1)は(2)に含まれるが、(1)の場合が多いので明示した。

3変数の1次不定方程式は、2元の場合に帰着させるとよい。一般論は略して、簡単な実例で示そう。

例4. $$16x+24y+17z=5$$
$(16, 24)=8$ であるから、
$$8w+17z=5, \quad 2x+3y=w$$
と置く。これを解いて、
$$w=-10+17t, \quad z=5+8t \quad (t \text{ は任意の整数})$$
そこで、
$$2x+3y=-10+17t$$

これを解いて,
$$\begin{cases} x = 10 - 17t + 3u \\ y = -10 + 17t - 2u \\ z = 5 + 8t \end{cases}$$
(t, uは任意の整数)

6-4 ピタゴラス方程式

中学校ではたくさん数学を勉強するけれども,「数学」の名に値するのは, ピタゴラスの定理くらいであろうか。また, 幾何学にも面白い定理がたくさんあった。「数学の証明」というものにもそこで初めて出あう。図形の問題なので, 自分で証明らしきものを考える楽しみもあった。

いうまでもなく, 直角3角形の斜辺の長さをc, 他の2辺の長さをa, bとすると,
$$a^2 + b^2 = c^2$$
が成り立つ, という定理である。

特に, この関係を満足する正整数の組$\{a, b, c\}$を**ピタゴラス数**あるいは**ピタゴラスの3つ組**などという。この$\{\ \}$は最小公倍数ではない。$\{3, 4, 5\}$は誰でも知っているが, $\{6, 8, 10\}$, $\{5, 12, 13\}$などはどうか。ただし, $\{6, 8, 10\}$は$\{3, 4, 5\}$の各辺を2倍しただけだから, 新しい組とはみなし難い。つまり, $(a, b, c) = 1$の場合が重要である。このような組を**既約なピタゴラス数**ともいう。

ピタゴラスはすでに,
$$a = 2q + 1,\ b = 2q^2 + 2q,\ c = 2q^2 + 2q + 1$$
がピタゴラス数を表すことは知っていたが, これですべてのピタゴラス数が表せるわけではない。そこで, すべてのピタゴラス数を定めよう。先ず,

第6章 ● いろいろな方程式

$$a^2+b^2=c^2, \quad (a, b, c)=1$$

で,もしも,a と b の両方とも奇数だとすると,

$$a\equiv 1 \pmod{2} \Rightarrow a^2\equiv 1 \pmod{4}$$
$$b\equiv 1 \pmod{2} \Rightarrow b^2\equiv 1 \pmod{4}$$
$$c^2=a^2+b^2\equiv 2 \pmod{4}$$

c が偶数であろうと奇数であろうと,成り立たない。

また,a と b が両方とも偶数だとすると,c も偶数となり,$(a, b, c)=1$ に反する。結局,a と b の片方は奇数で片方は偶数,c は奇数である。a と b の役割は対称的だから,a は奇数 b は偶数とすると,

$$a^2+b^2=c^2, \quad (a, b, c)=1,$$

a は奇数,b は偶数,c は奇数

仮定から,次の( )内はすべて正整数で,

$$\left(\frac{b}{2}\right)^2=\left(\frac{c+a}{2}\right)\left(\frac{c-a}{2}\right)$$

$\dfrac{c+a}{2}$ と $\dfrac{c-a}{2}$ が互いに素であることもわかるから,T4-5 によってそれぞれが完全平方でなければならない。

$$\frac{c+a}{2}=u^2, \quad \frac{c-a}{2}=v^2, \quad u>v, \quad (u, v)=1$$

これから,

$$c=u^2+v^2, \quad a=u^2-v^2, \quad b=2uv$$

ここで,u, v に公約数があれば,それは a, b, c の公約数になってしまうから,u と v は互いに素,片方は偶数で片方は奇数である。この a, b, c がピタゴラス数の一般形である。

T 6-5

すべての既約ピタゴラス数は，
$$a = u^2 - v^2, \quad b = 2uv, \quad c = u^2 + v^2$$
と表される。ここで，$u > v$，$(u, v) = 1$ で，u, v の片方は偶数で片方は奇数である。

u と v のいくつかの値に対する，a, b, c を計算しておこう。

u	v	a	b	c
2	1	3	4	5
3	2	5	12	13
4	1	15	8	17
5	2	21	20	29
5	4	9	40	41
6	1	35	12	37
7	2	45	28	53
7	4	33	56	65
7	6	13	84	85

上の式の形から b は偶数であることは先に述べたが，よく見ると，a, b の片方は 3 の倍数であるらしい。証明はやさしい。

a, b がどちらも 3 の倍数でないとすると，
$$a \equiv \pm 1 \pmod{3} \Rightarrow a^2 \equiv 1 \pmod{3}$$
$$b \equiv \pm 1 \pmod{3} \Rightarrow b^2 \equiv 1 \pmod{3}$$

$$c^2 = a^2 + b^2 \equiv 2 \pmod{3}$$

c が何であってもこれは不可能。そこで，a か b のどちらかは3の倍数である。

6-5 バビロニアの数学

ピタゴラス数といえば，20世紀の数学史最大の発見と言われているバビロニアの数学に触れておきたい。驚嘆に値する発見なので，簡単に紹介する。

中国の黄河流域・インドのインダス河の流域・エジプトのナイル河の流域と並ぶ4大文明発祥の地であるチグリス・ユーフラテス河の流域に栄えたのがバビロニア文明である。オランダの数学者ノイゲバウアーはたくさんの楔形文書を解読して，驚くべきバビロニアの数学の姿を明らかにした。

さて，ノイゲバウアーがプリンプトン322と名付けた文書がある。許可を得て［Va］から転載した。

バビロニアの数学者が10進法と60進法を混用していたことに注意しながら，上の楔形文書を現代風に書き直すと，次のようになる。

行	l	b	d
1	2, 0	1, 59	2, 49
2	57, 36	56, 7	1, 20, 25
3	1, 20, 0	1, 16, 41	1, 50, 49
4	3, 45, 0	3, 31, 49	5, 9, 1
5	1, 12	1, 5	1, 37
6	6, 0	5, 19	8, 1
7	45, 0	38, 11	59, 1
8	16, 0	13, 19	20, 49
9	10, 0	8, 1	12, 49
10	1, 48, 0	1, 22, 41	2, 16, 1
11	1, 0	45	1, 15
12	40, 0	27, 59	48, 49
13	4, 0	2, 41	4, 49
14	45, 0	29, 31	53, 49
15	1, 30	56	1, 46

60進法だから，10進法に直せば，最初の $l=2,0$ は $2\times 60+0=120$ である。同様に，$b=60+59=119$，$d=2\times 60+49=169$ である。そうして，ぴったりと，
$$120^2+119^2=169^2$$

であることを知る。まさにピタゴラスの定理である。

次は，$l=3456$, $b=3367$, $d=4825$ となるから，平方すれば8桁にもなるが，やはり，
$$3456^2+3367^2=4825^2$$
である。

以下の行を10進法に直してチェックすることは，読者のお楽しみに残しておく。

これらの数値はどのようにして発見されたのだろうか。とても試行錯誤で得られるようなものではないし，また実用になりそうもない。また，これらの順序にはどういう意味があるのだろうか。

ノイゲバウアーの研究によれば，バビロニアの数学者はわれわれが p.182 で求めた公式を知っていたようだ，と推測している。実際，1行目は，
$$l=2mn=120, \quad b=m^2-n^2=119, \quad d=m^2+n^2=169$$
から，$m=12$, $n=5$ であることがわかる。2行目は $m=64$, $n=27$ である。

以下は読者の研究にゆずる。

しかもさらに驚くことは，左端には l と d が挟む角の，現在の用語では $\sec^2 A$ に相当する値が計算してあり，この角が45度から31度まで1度ごとになっているということである。

詳しく紹介できないのが残念である。興味を持った方は，是非 [Ne], [Va] を読んで頂きたい。新しい発見があるかもしれない。

練習問題 6

Q1 次の合同方程式に解があれば，それを求めよ．
(1) $5x \equiv 1 \pmod{7}$ (2) $16x \equiv 5 \pmod{47}$
(3) $9x \equiv 11 \pmod{12}$ (4) $256x \equiv 179 \pmod{337}$
(5) $1215x \equiv 560 \pmod{2755}$

Q2 次の1次不定方程式で，解があるものは，それを求めよ．
(1) $3x - 4y = 29$ (2) $9x + 11y = 81$
(3) $12x + 17y = 59$ (4) $39x + 47y = 4151$

Q3 a, b, c を自然数とする．$ax + by = c$ で，$x > 0, y > 0$ のような解の組の個数は $\left[\dfrac{c}{ab}\right]$ あるいは $\left[\dfrac{c}{ab}\right] + 1$ であることを証明せよ．

Q4 次の1次不定方程式を解け．
$$32x + 57y - 68z = 1$$

Q5 次の連立合同方程式を解け．
(1) $\begin{cases} 2x + 7y \equiv 1 \pmod{13} \\ 5x + 10y \equiv 2 \pmod{13} \end{cases}$
(2) $\begin{cases} x + 2y + 3z \equiv 7 \pmod{11} \\ x + 5y + 6z \equiv 0 \pmod{11} \\ 2x + 4y + 7z \equiv 6 \pmod{11} \end{cases}$

第6章 ● いろいろな方程式

Q6 283を2つに分けて，片方は17で，他方は21で割り切れるようにせよ。

Q7 中根彦循『勘者御伽双紙』（1793年）にも，次のような問題がある（原文省略：和算）。
「碁石がたくさんある。5，7，9で割った余りを聞く。5で割った余りは3，7で割った余りは4，9で割った余りは5であった。碁石の総数はいくつか」

Q8 $x \equiv a \pmod 5$, $x \equiv b \pmod{11}$, $x \equiv c \pmod{13}$ の一般解を求めよ。

Q9 A，B，C，D，Eの5人と1匹のサルが栗を拾いに行った。Aは集まった栗のうち1個をサルに与え，残りの $\frac{1}{5}$ を貰った。Bも残りの中の1個をサルに与えて，残りの $\frac{1}{5}$ を貰った。C，D，Eも順にこのような操作を続けた。栗は少なくとも何個あったか。

Q10 次の連立不定方程式を解け。
$$\begin{cases} 3x+4y-9z=1 \\ 4x-3y+7z=2 \end{cases}$$

Q11 p.175の小伝から，ディオファントスは何歳まで生きたかを計算せよ。

第7章 整数論で使われる関数

数学の研究には関数が付き物である。代数や解析では，
多項式関数・3角関数・指数関数・対数関数
などたくさんの関数を扱ってきた。

整数論で使う関数は，変数がとる値が整数（場合によっては有理数）という点でちょっと違う。整数という制限があるため，難しい点もある。

7-1 実数の整数部分

ガウスの記号

この節に限って，a，b，c は実数も表す。ガウスの記号は実数 a の整数部分を表す関数で，**整数部分関数**ともいう。記号は $[a]$ である。実はいままでも使ってきた。

$$[3.1416]=3 \qquad \left[\frac{3}{5}\right]=0$$

ただし，$[-3.1416]$ は -3 ではなくて，

$$[-3.1416]=-4$$

だから，「整数部分を表す」という言い方はちょっと曖昧で，正確には，a を超えない最大の整数：

$$[a] \leq a < [a]+1 \quad \text{あるいは} \quad a-1 < [a] \leq a$$

のような整数 $[a]$，と言わなければいけない。

$a=3.1$，$b=4.5$ のときは，$[a]+[b]=[a+b]$ だが，$a=3.6$，$b=4.7$ のときは，a と b を加えると繰り上がりが起こるから，$[a]+[b]+1=[a+b]$ である。

第7章 ● 整数論で使われる関数

T **7-1**

任意の実数 a, b について,
(1) $a \leq b$ ならば, $[a] \leq [b]$
(2) $[a] \leq a < [a]+1$, $a-1 < [a] \leq a$
(3) $[a]+[b] \leq [a+b] \leq [a]+[b]+1$

証明 (1), (2) は定義そのものである。
(3)
$$[a] \leq a < [a]+1$$
$$[b] \leq b < [b]+1$$
$$[a]+[b] \leq a+b < [a]+[b]+2$$
$[a+b]$ は整数だから,
$$[a]+[b] \leq [a+b] \leq [a]+[b]+1$$

応 用

いわゆる順列・組み合わせの計算に現れる2項係数

$$\binom{a+b}{a} = \frac{(a+b)!}{a!b!}$$

は,その意味からはいつも整数であることは明らかだが,ガウス記号の応用として考えてみよう。

$a=17$, $b=33$, $a+b=50$ としてみる。

$a!=17!$, $b!=33!$, $(a+b)!=50!$ の中に含まれる素因数の個数は,p.75 で研究したように,例えば,$p=3$ のときにはそれぞれ,

$$A = \left[\frac{17}{3}\right] + \left[\frac{17}{9}\right] + \left[\frac{17}{27}\right] = 5+1+0 = 6$$

$$B = \left[\frac{33}{3}\right] + \left[\frac{33}{9}\right] + \left[\frac{33}{27}\right] = 11 + 3 + 1 = 15$$

$$C = \left[\frac{50}{3}\right] + \left[\frac{50}{9}\right] + \left[\frac{50}{27}\right] = 16 + 5 + 1 = 22$$

ところが,k が何であってもいつも,

$$\left[\frac{17+33}{p^k}\right] \geq \left[\frac{17}{p^k}\right] + \left[\frac{33}{p^k}\right]$$

だから,

$$C \geq A + B$$

そこで分子と分母から素因数3を約すと,3は分母には残らない。同様にして,すべての素因数についてそうだから $\binom{50}{17}$ は整数である。

T 7-2

2項係数 $\binom{a+b}{a}$ は整数である。

7-2 乗法的関数

初等整数論では,約数や倍数のように,割り切れる・割り切れないという,掛け算と割り算の関係が多いので,$f(m+n)$ を $f(m)$ と $f(n)$ で表すような,普通の代数の加法定理ではなくて,$f(mn)$ を $f(m)$ と $f(n)$ で表すことが問題になる。そのとき都合がよいタイプが,乗法的と

いわれる関数である。

例を挙げよう。

$\quad\quad$ 9の約数は 1, 3, 9 の3個

$\quad\quad$ 14の約数は 1, 2, 7, 14 の4個

を知ったとき，$9 \cdot 14 = 126$ の約数はいくつあるか。$(9, 14) = 1$ だから，126 の約数は 9 の約数と 14 の約数の積であり，それらに限る。表にすると，

	1	2	7	14
1	1	2	7	14
3	3	6	21	42
9	9	18	63	126

だから，$3 \cdot 4 = 12$（個）である。n の約数の個数を $f(n)$ と書けば，

$$f(9 \cdot 14) = f(9) f(14)$$

ここで，$(9, 14) = 1$ が効いていることに注意。$9 \cdot 12 = 108$ についてためしてみると，$(9, 12) = 3$ で，

	1	2	3	4	6	12
1	1	2	3	4	6	12
3	3	6	9	12	18	36
9	9	18	27	36	54	108

3の倍数が2重に出てきて，$f(108) = f(9) \cdot f(12)$ にならない。

そこで，次の定義が生まれる。

D 7-1

2つの正整数 m, n に対して,
$$(m, n) = 1 \quad \text{ならば} \quad f(mn) = f(m)f(n)$$
が成り立つような関数を**乗法的関数**という。

例 $\quad f(n) = 1, \ f(n) = n$

は, 特殊であるが, 乗法的関数である。確かめよ。

正整数 n の標準素因数分解を,
$$n = p^a q^b r^c \cdots$$
とする。もちろん $(p^a, q^b) = 1$, $(p^a, r^c) = 1$, $(q^b, r^c) = 1$, ……だから, もしも $f(n)$ が乗法的関数ならば,
$$f(n) = f(p^a) f(q^b) f(r^c) \cdots$$
となるから, 素数ベキに対する f の値の計算法がわかれば, $f(n)$ が計算できる。

実例はあとでたくさん出てくるので, 先に進む。

次は準備。

T 7-3

$d \mid mn$ ならば, d は,
$$d = ef, \quad e \mid m, \quad f \mid n$$
の形に表せる。

ここで, $(m, n) = 1$ ならば, $(e, f) = 1$ である。

●**注意** 標語的に言えば,「積の約数は約数の積」

証明　d, m, n の素因数分解を，それぞれ，

$$d = r_1 r_2 \cdots\cdots r_u, \ m = p_1 p_2 \cdots\cdots p_s, \ n = q_1 q_2 \cdots\cdots q_t$$

とする（同じものが並んでもよい）。

$d \mid mn$ だから，d の素因数 r たちのどれも p か q であり，m の中に現れるものを全部集めてその積を e，残りを集めてその積を f とすれば，

$$d = ef, \ e \mid m, \ f \mid n$$

である。　◆

例　$126 = 9 \cdot 14$ の約数は（p.191の表のように），9の約数 e と14の約数 f の積であり，この形ですべて尽くされる。$(9, 14) = 1$ だから $(e, f) = 1$ である。例えば，126の約数63や21は，

$$63 = 9 \cdot 7, \ 21 = 3 \cdot 7$$

次は明らかであろう。

T 7-4

$f(n)$ と $g(n)$ が乗法的関数ならば，
積 $h(n) = f(n)g(n)$ も乗法的関数である。

●**問**　証明せよ。

次の式は，ある乗法的関数から別の乗法的関数を作り出すのに，非常に有用である。和が乗法的関数になるのは不思議な気もするが。

T 7-5

$f(n)$ が乗法的関数ならば,
$$g(n) = \sum_{d \mid n} f(d)$$
も乗法的関数である。和 $\sum_{d \mid n}$ では, d は n のすべての約数をわたる。

証明 $n = n_1 n_2$, $(n_1, n_2) = 1$ とすると, n の約数 d は, n_1 の約数 d_1 と n_2 の約数 d_2 との積で尽くされる。$(d_1, d_2) = 1$ だから,

$$\begin{aligned}
g(n) &= \sum_{d \mid n} f(d) = \sum_{d_1 \mid n_1,\, d_2 \mid n_2} f(d_1 d_2) \\
&= \sum_{d_1 \mid n_1, d_2 \mid n_2} f(d_1) f(d_2) = \sum_{d_1 \mid n_1} f(d_1) \sum_{d_2 \mid n_2} f(d_2) \\
&= g(n_1) g(n_2)
\end{aligned}$$ ◆

ためしに:

$$\begin{aligned}
g(10) &= f(1) + f(2) + f(5) + f(10) \\
&= f(1) + f(2) + f(5) + f(2) \cdot f(5) \\
&= (f(1) + f(2))((f(1) + f(5))) \\
&= g(2) g(5)
\end{aligned}$$

7-3 約数の個数と総和

約数の個数

正整数 n の正の約数の個数を, ここでは $\sigma_0(n)$ と書く。σ はギリシャ文字シグマで, ローマ字の s に対応する。

$\sigma_0(1) = \#\{1\} = 1$, $\quad \sigma_0(9) = \#\{1, 3, 9\} = 3$,

第7章●整数論で使われる関数

$$\sigma_0(210)=16, \qquad \sigma_0(300)=18$$

#{……} は集合 {……} の元の個数である。

n が素数 p のベキ p^a のとき：$n=p^a$ の約数は，

$$1, \ p, \ p^2, \ p^3, \ \cdots\cdots, \ p^a \text{ の } (a+1) \text{ 個}$$

だから，

$$\sigma_0(p^a)=a+1,$$

$\sigma_0(n)$ が乗法的関数であることがわかれば，n の素因数分解が利用できる。

T 7-6

$\sigma_0(n)$ は，乗法的関数である。

証明 n の約数を数えて，それが現れる毎に1つ，2つと1を加えていけばよいから，

$$\sigma_0(n)=\sum_{d \mid n} 1$$

である。定数1は乗法的関数だから，T7-5 によって，$\sigma_0(n)$ も乗法的関数である。 ◆

T 7-7

正整数 n の標準素因数分解を，

$$n=p^a q^b r^c \cdots\cdots$$

とすると，

$$\sigma_0(n)=(a+1)(b+1)(c+1)\cdots\cdots$$

例 $n=2352=2^4 \cdot 3^1 \cdot 7^2$ だから，

$$\sigma_0(2352) = (4+1)(1+1)(2+1) = 30$$

約数の総和

正整数 n の正の約数の総和を，この本では $\sigma_1(n)$ と書く。

> **T 7-8**
> $\sigma_1(n)$ は乗法的関数である。

証明 n の約数 d が現れる毎に，それを加えていけばよいのだから，

$$\sigma_1(n) = \sum_{d \mid n} d$$

$f(d) = d$ は乗法的関数だから，T7-5 によって，$\sigma_1(n) = \sum_{d \mid n} f(d)$ も乗法的関数である。 ◆

$n = p$（素数）のとき。約数は 1 と p の 2 個だけだから，

$$\sigma_0(p) = 2, \quad \sigma_1(p) = p+1$$

$n = p^a$ のとき。n の約数は，

$$1, \ p, \ p^2, \ p^3, \ \cdots\cdots, \ p^{a-1}, \ p^a$$

の $(a+1)$ 個ある。これらの総和は，等比級数の和の公式によって，

$$\sigma_1(n) = \frac{p^{a+1}-1}{p-1}$$

となる。σ_1 は乗法的であるから，次が得られた。

T 7-9

$n = p^a q^b r^c \cdots$ (標準素因数分解) とすれば,

$$\sigma_1(n) = \frac{p^{a+1}-1}{p-1} \cdot \frac{q^{b+1}-1}{q-1} \cdot \frac{r^{c+1}-1}{r-1} \cdots$$

$a=220$ の a 以外の約数の和は b で, $b=284$ の b 以外の約数の和は a である。このような2つの整数を**親和数**という。$(1184, 1210)$, $(2620, 2924)$, $(5020, 5564)$, ……などがある。

n	σ_0	σ_1	φ	n	σ_0	σ_1	φ
1	1	1	1	11	2	12	10
2	2	3	1	12	6	28	4
3	2	4	2	13	2	14	12
4	3	7	2	14	4	24	6
5	2	6	4	15	4	24	8
6	4	12	2	16	5	31	8
7	2	8	6	17	2	18	16
8	4	15	4	18	6	39	6
9	3	13	6	19	2	20	18
10	4	18	4	20	6	42	8

7-4 オイラーの関数

第5章の剰余類の研究からも明らかなように,ある正整数 n と互いに素な正整数とそれらの個数は重要である。

D 7-2

正整数 n と互いに素な n 以下の正整数の個数を $\varphi(n)$ と書き、これを**オイラーの関数**という。

$$\varphi(5) = \#\{1, 2, 3, 4\} = 4,$$
$$\varphi(12) = \#\{1, 5, 7, 11\} = 4,$$
$$\varphi(20) = \#\{1, 3, 7, 9, 11, 13, 17, 19\} = 8$$

である。

n が素数 p のときは、1 から $p-1$ までの数はすべて p とは互いに素だから、

$$\varphi(p) = p - 1 = p\left(1 - \frac{1}{p}\right)$$

である。

$$\varphi(5) = 4, \quad \varphi(17) = 16, \quad \varphi(47) = 46$$

n が1つの素数 p のベキ、例えば $n = 3^5$ のときには、n と p に共通素因子があれば、それは 3 だけだから、n までで、3 を因数に持つ数の個数を数えてそれを n から除けばよい。

1 から 3^5 までのうちで、3 の倍数は 3 つごとにあるから、その個数は $\frac{n}{3}$ 個つまり 3^4 個である。残りは n と互いに素だから、

$$\varphi(3^5) = 3^5 - 3^4 = 3^5\left(1 - \frac{1}{3}\right)$$

$n = p^k$ のときには、

$$\varphi(p^k) = p^k - p^{k-1} = p^k\left(1 - \frac{1}{p}\right)$$

一般に $n = p^a q^b r^c \cdots\cdots$ のときに、これまでの関数 σ_0

第7章●整数論で使われる関数

(n), $\sigma_1(n)$ と同じように計算できれば都合がよい。はたして $\varphi(n)$ は乗法的関数だろうか。

$$\varphi(5)=4, \quad \varphi(7)=6, \quad \varphi(35)=24$$
$$\varphi(4)=2, \quad \varphi(9)=6, \quad \varphi(36)=12$$

次は予備の定理。

T 7-10

$d=ef$, $(e,f)=1$ とする。任意の整数 n が d と互いに素になるのは, e とも f とも互いに素のとき, そのときに限る。

証明 n と d が互いに素ならば, n の素因数は e の素因数も f のも含まない。逆も成り立つから,

$$(n,e)=1 \text{ かつ } (n,f)=1 \quad \Leftrightarrow \quad (n,d)=1 \qquad \blacklozenge$$

さて, $a=4$, $b=9$, $n=36$ として, 1 から 36 までの自然数の中に 36 と互いに素な数がいくつあるかというのだが,「そういう見方があまりに狭い」[Ta1]。

まず, 1 から 36 までの整数を 4×9 の長方形状に並べる。

```
 1  2  3  4  5  6  7  8  9
10 11 12 13 14 15 16 17 18
19 20 21 22 23 24 25 26 27
28 29 30 31 32 33 34 35 36
```

第1行の中で 9 と互いに素なものは $\{1,2,4,5,7,8\}$ の 6 個ある: $\varphi(9)=6$。その 1 つ, 例えば 4 をとると,

$$(4, 9) = (4+9, 9) = (4+18, 9) = (4+27, 9) = 1$$

だから，4の列の数はすべて9と互いに素である。同様にして，1, 2, 4, 5, 7, 8の列の数だけが9と互いに素だから，それ以外の列を消す。

```
 1   2        4   5        7   8
10  11       13  14       16  17
19  20       22  23       25  26
28  29       31  32       34  35
```

次に，第1列の数 $\{1, 10, 19, 28\}$ は $(\bmod\ 4)$ ですべて異なるから，$(\bmod\ 4)$ の完全代表系であり，他の列は第1列に定数を加えたものだから，やはり $(\bmod\ 4)$ の完全代表系である。どの列にも4と互いに素な整数が $\varphi(4) = 2$ 個ある。それらを□で囲む。

```
[1]   2        4  [5]      [7]   8
10  [11]     [13] 14       16  [17]
[19] 20       22 [23]     [25] 26
28  [29]     [31] 32       34  [35]
```

結局，36と互いに素な数は $2 \times 6 = 12$ 個である。

以上の説明は全く一般に成り立つ。

T 7-11

オイラーの関数 $\varphi(n)$ は乗法的関数であり，

n の標準素因数分解を $n = p^a q^b r^c \cdots$ とすれば，

$$\varphi(n) = n\left(1 - \frac{1}{p}\right)\left(1 - \frac{1}{q}\right)\left(1 - \frac{1}{r}\right)\cdots$$

この公式には分数が出てくるように見えるが、右辺は、

$$p^{a-1}q^{b-1}r^{c-1}\cdots\cdots(p-1)(q-1)(r-1) \quad (*)$$

だから、整数である。電卓などを使うときには、分数計算の誤差が出てこないようにこちらを使うのがよい。

別の証明 p.114で説明した包除原理を使う。

$\varphi(n)$ は、1からnまでの数のうちnと互いに素、つまりnと1以外に公約数を持たない数の個数だから、nから、nと公約数を持った数を除けばよい。

簡単にするために、$n=p^a q^b r^c$ の場合を示すが、一般の場合も同じ方針である。まず素因数pを考える。pを公約数とする数は、pで割れる数で、全体の$\frac{1}{p}$だけある。qを公約数とする数も全体の$\frac{1}{q}$。以下同様だから、公約数があるとして除かれた残りは、

$$n\left(1-\frac{1}{p}-\frac{1}{q}-\frac{1}{r}\right) \quad (1)$$

となる。

以下、p.112での議論とまったく同じである。

これではpq, pr, qrの倍数の部分を2重に引いているから、

$$n\left(\frac{1}{pq}+\frac{1}{pr}+\frac{1}{qr}\right) \quad (2)$$

を戻す。さらに、$\frac{1}{pqr}$は戻し過ぎなので、

$$n(-\frac{1}{pqr}) \qquad (3)$$

を引く。ここで，因数分解の公式，

$$1-(x+y+z)+(xy+xz+yz)-xyz$$
$$=(1-x)(1-y)(1-z)$$

を思い出せば，（1），（2），（3）から，最後に，

$$n(1-\frac{1}{p})(1-\frac{1}{q})(1-\frac{1}{r})$$

が得られた。 ◆

$n=1$ から20までの $\varphi(n)$ の表が p.197に挙げてある。もっと大きな表は巻末にある。

n と互いに素な数の和

n の約数の個数 $\sigma_0(n)$ に対して約数の和 $\sigma_1(n)$ があった。そこで，n と互いに素な $\varphi(n)$ 個の整数に対してもそれらの和 $\tau(n)$ を考えよう。

$n=20$ としてみると，$\varphi(20)=8$ （個）で，

$$\tau(n)=1+3+7+9+11+13+17+19$$

ガウス少年がやったように，逆順に並べると，

$$\tau(n)=19+17+13+11+9+7+3+1$$

たてに加えるとすべて20になる。

●問　何故か。理由を考えよ。

そこで，

$$2\tau(20)=20\times\varphi(20), \qquad \tau(20)=\varphi(20)\cdot 10$$

以上の議論は十分に一般的であるから，次が得られた。

> **T 7-12**
>
> 正整数 $n \geq 3$ と互いに素な n 以下の正整数の個数は偶数で，それらの和は，
>
> $$\tau(n) = \frac{n}{2}\varphi(n)$$
>
> この等式は，$n=2$ の場合にも成り立つ。

次に $\varphi(d)$，(d は n の約数)の和を考えよう。

> **T 7-13**
>
> 正整数 n について，
>
> $$\sum_{d \mid n} \varphi(d) = n$$

$n = 28$ とすると，約数は 1, 2, 4, 7, 14, 28 で，

$\varphi(1) = 1, \quad \varphi(2) = 1, \quad \varphi(4) = 2,$
$\varphi(7) = 6, \quad \varphi(14) = 6, \quad \varphi(28) = 12$

これらの和は，

$$1 + 1 + 2 + 6 + 6 + 12 = 28$$

となる。どうしてか。

28までの整数と28との最大公約数は，28の約数 1, 2, 4, 7, 14, 28 だから，1から28までの整数は次のように分類できる。

28との最大公約数が，

    28であるもの 1 個：$\{28\}$

    14であるもの 1 個：$\{14\}$

    7 であるもの 2 個：$\{7, 21\}$ (＊)

    4 であるもの 6 個：$\{4, 8, 12, 16, 20, 24\}$

    2 であるもの 6 個：$\{2, 6, 10, 18, 22, 26\}$

    1 であるもの12個：残り全部

例えば 7 の行 $\{7, 21\}$ の数はどんな数か。それは 7 の倍数，

$$7\cdot 1 \quad 7\cdot 2 \quad 7\cdot 3 \quad 7\cdot 4$$

の中であとに書いた因子が，$\frac{28}{7}=4$ と互いに素であるようなものである（さもなければ最大公約数が 7 より大きくなってしまう）。それは，

$$7\cdot 1 \qquad 7\cdot 3$$

の $\varphi(\frac{28}{7}) = \varphi(4) = 2$ 個である。

すべての約数について同じことが言えるから，上の 6 種類の数の個数の和は，

$$\varphi\left(\frac{28}{1}\right) + \varphi\left(\frac{28}{2}\right) + \varphi\left(\frac{28}{4}\right) + \varphi\left(\frac{28}{7}\right)$$
$$+ \varphi\left(\frac{28}{14}\right) + \varphi\left(\frac{28}{28}\right) = 28$$

となる。

7-5 メービウスの関数

これまでの $\sigma_0(n)$, $\sigma_1(n)$, $\varphi(n)$, $\tau(n)$ などは実質的な

意味がある関数であったが、このメービウスの関数は数学的な処理をするための関数である。

メービウス（1790〜1868年）はドイツの数学者で、メービウス・バンドで有名である。

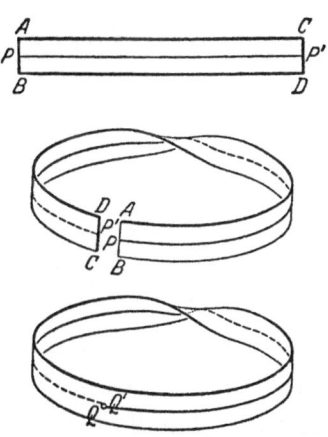

この関数を使うと、

$$g(n) = \sum_{d|n} f(d)$$

のような、fからgを作る式を、逆にfについて解くことができて、たいへん便利である。

次の定義はやや唐突に感じられるかも知れないが、包除原理と関係がある。p.201で$\varphi(n)$を求めるときの式、

$$n(1 - \frac{1}{p} - \frac{1}{q} - \frac{1}{r} + \frac{1}{pq} + \frac{1}{pr} + \frac{1}{qr} - \frac{1}{pqr} + \cdots\cdots)$$

を見ると、分母には素数平方は現れない。

　　　　素因数が1種類のときは　−
　　　　素因数が2種類のときは　＋

素因数が3種類のときは −
のようになっている。そこで，次の定義が生まれる。

D 7-3

メービウスの関数

$\mu(1) = 1$

$\mu(n) = 0$ ：nに平方素因子があるとき

$\mu(n) = (-1)^k$：平方素因子がなくて，nの異なる素因子がk個のとき

$\mu(1) = 1$, $\qquad \mu(2) = (-1)^1 = -1,$
$\mu(3) = (-1)^1 = -1,$ $\quad \mu(4) = \mu(2^2) = 0,$
$\mu(7) = (-1)^1 = -1,$ $\quad \mu(8) = \mu(2^3) = 0,$
$\mu(9) = \mu(3^2) = 0,$ $\qquad \mu(10) = \mu(2 \cdot 5) = (-1)^2 = 1,$

そうすると，$\varphi(n)$ の導き方から，次が成り立つ。

T 7-14

$$\varphi(n) = \sum_{d \mid n} \mu(d) \frac{n}{d}$$

ここでdはnのすべての正の約数をわたる。

いままで，関数$\sigma_0(n)$, $\varphi(n)$ に出あうたびに，nのすべての約数についての総和を扱ってきた。$\mu(n)$ についてはどうか。この総和を$\nu(n)$とすると，

$$\nu(10) = \sum_{d \mid 10} \mu(d) = \mu(1) + \mu(2) + \mu(5) + \mu(10)$$
$$= 1 - 1 - 1 + 1 = 0$$

$$\nu(20) = \sum_{d \mid 20} \mu(d)$$
$$= \mu(1) + \mu(2) + \mu(4) + \mu(5) + \mu(10) + \mu(20)$$
$$= 1 - 1 + 0 - 1 + 1 + 0 = 0$$

おや。いつも 0 になるのか！

T 7-15

$$\nu(n) = \sum_{d \mid n} \mu(d)$$

と置けば，

$$\nu(n) = 1 \quad : n = 1 のとき$$
$$\quad\ = 0 \quad : n > 1 のとき$$

証明 n の標準素因数分解を，
$$n = p^a q^b r^c \cdots\cdots$$
とし，異なる素因数の個数を k とする。

n の約数 d は n の素因数をいくつか抜き出した積で作られるのだが，同じ素数を 2 つ以上含めば $\mu(d) = 0$ だから，

素因子を含まない d　　　　　　　　　　　　1 個
1 種類の因子からなる d は $\mu(d) = -1$ で，　${}_k C_1$ 個
2 種類の因子からなる d は $\mu(d) = 1$ で，　${}_k C_2$ 個
3 種類の因子からなる d は $\mu(d) = -1$ で，　${}_k C_3$ 個
　……　　　　……　　　　……

k 種類の因子からなる d は $\mu(d)=(-1)^k$ で，${}_kC_k$ 個。
そこで，
$$\nu(n) = 1 - {}_kC_1 + {}_kC_2 - {}_kC_3 + \cdots\cdots + (-1)^k$$
$$= (1-1)^k = 0$$
◆

T 7-16

メービウス関数は乗法的関数である。

証明 $(m, n)=1$ とする。m, n の素因数分解を，
$$m = p^a q^b r^c \cdots\cdots \text{ （異なる因数の個数は } i \text{ 個）}$$
$$n = s^d t^e u^f \cdots\cdots \text{ （異なる因数の個数は } j \text{ 個）}$$
とすれば，mn の素因数分解は，
$$mn = p^a q^b r^c \cdots\cdots s^d t^e u^f \cdots\cdots$$

指数 $a, b, c, \cdots\cdots, e, f, g, \cdots\cdots$ の中に 2 以上のものがあれば，
$$\mu(m)\mu(n) = 0 = \mu(mn)$$
すべてのベキ指数が 1 ならば，
$$\mu(m) = (-1)^i, \ \mu(n) = (-1)^j, \ \mu(mn) = (-1)^{i+j}$$
だから，
$$\mu(mn) = \mu(m)\mu(n)$$
◆

メービウスの関数の重要な用途は，次の反転公式である。

第7章 ● 整数論で使われる関数

T 7-17

メービウスの反転公式

$$g(n) = \sum_{d \mid n} f(d) \qquad (1)$$

のとき,

$$f(n) = \sum_{d \mid n} \mu\left(\frac{n}{d}\right) g(d) \qquad (2)$$

証明 (1)を(2)の右辺に代入すると,

$$(右辺) = \sum_{d \mid n} \mu\left(\frac{n}{d}\right) \left[\sum_{e \mid d} f(e)\right]$$

$$= \sum_{d \mid n} \left[\sum_{e \mid d} \mu\left(\frac{n}{d}\right) f(e)\right]$$

$e \mid d \Leftrightarrow en \mid dn \Leftrightarrow \dfrac{n}{d} \mid \dfrac{n}{e}$ だから, d についての和と e についての和が交換されて,

$$= \sum_{e \mid n} \left[\sum_{\frac{n}{d} \mid \frac{n}{e}} \mu\left(\frac{n}{d}\right)\right] f(e)$$

[ ] の中は, $\dfrac{n}{e} = 1$ のときのみ1, ほかは 0 だから,

$$= f(n) = (左辺) \qquad \blacklozenge$$

●**問** p.203で証明した

$$\sum_{d \mid n} \varphi(d) = n$$

に反転公式を適用してみよ。

練習問題 7

Q1 a, b が正の実数，m が整数のとき，次を証明せよ。
(1) $[a+m]=[a]+m$, $[a-m]=[a]-m$
(2) $a[b] \leq [ab]$ （3） $[a][b] \leq [ab]$

Q2 次を証明せよ。x, y は実数とする。
(1) $[x]+[y] \leq [x+y] \leq [x]+[y]+1$
(2) $[x]+\left[x+\dfrac{1}{2}\right]=[2x]$
(3) $[x]+\left[x+\dfrac{1}{3}\right]+\left[x+\dfrac{2}{3}\right]=[3x]$
(4) $[2x]+[2y] \geq [x]+[x+y]+[y]$

Q3 9, 12, 108 の約数は，それぞれいくつあるか。

Q4 $f(n)=0$ でない $f(n)$ が乗法的関数ならば，$f(1)=1$ であることを示せ。

Q5 約数の個数が 8 であるような，50 以下の整数をすべて求めよ。

Q6 $\sigma_1(34)$, $\sigma_1(71)$, $\sigma_1(100)$, $\sigma_1(134)$ を求めよ。

Q7 n の約数の 2 乗の和を $\sigma_2(n)$ とする。n が完全平方数ならば，$\sigma_1(n) \mid \sigma_2(n)$ であることを証明せよ。

第7章●整数論で使われる関数

Q8 (1) n が奇数のとき，$\varphi(2n) = \varphi(n)$ を示せ。
(2) n が偶数のとき，$\varphi(2n) = 2\varphi(n)$ を示せ。

Q9 次のような n があれば，それを求めよ。
(1) $\varphi(n) = \dfrac{2}{3}n$　(2) $\varphi(n) = \dfrac{1}{3}n$　(3) $\varphi(n) = \dfrac{1}{4}n$

Q10 p は素数，$n = p^a$ であるとき，$\sum_{d \mid n} \varphi(d) = n$ を証明せよ。
(これから，一般の n についても同じ式が証明できる)。

Q11 n を正整数とするとき，次を証明せよ。
$$\sum_{k=1}^{n} \sigma_1(k) = \sum_{k=1}^{n} k \left[\frac{n}{k}\right]$$

Q12 a と b が親和数であるときは，$\sigma_1(a) = \sigma_1(b) = a + b$ であること，およびこの逆を示せ。

Q13 次の5個の n について，$\sigma_1(n) - n$ を計算せよ。不思議な関係が見つかるはずである。

$n_1 = 12496 = 2^4 \cdot 11 \cdot 71$　　$n_2 = 14288 = 2^4 \cdot 19 \cdot 47$
$n_3 = 15472 = 2^4 \cdot 967$　　$n_4 = 14536 = 2^3 \cdot 23 \cdot 79$
$n_5 = 14264 = 2^3 \cdot 1783$

この関係は，1918年にプーレが発見した [St]。

Q14 ピタゴラス数の積は60で割り切れることを示せ。

第8章 素数のいろいろ

素数一般については第4章で調べた。特によく研究されている素数がある。研究した数学者の名前が付いているメルセンヌ素数，フェルマー素数など。また，未解決の問題を含んでいる双子素数などもある。

8-1 メルセンヌ素数

いつも素数を表す式について第4章で研究した。簡単な多項式では不可能らしい。メルセンヌは，a^n-1（nは自然数）の形の数を考えた。しかし，
$$a^n-1=(a-1)(a^{n-1}+a^{n-2}+\cdots\cdots+1)$$
であるから，$a>2$ ならば，a^n-1 はいつも合成数である。

$a=2$ ならばどうか。2^n-1 の形の数はどのような場合に素数になるか。いくつか計算してみよう。$M_n=2^n-1$ と置く。

n	M_n	
1	$M_1=2^1-1=1$	
★ 2	$M_2=2^2-1=3$	素数
★ 3	$M_3=2^3-1=7$	素数
4	$M_4=2^4-1=15=3\cdot5$	合成数
★ 5	$M_5=2^5-1=31$	素数
6	$M_6=2^6-1=63=3^2\cdot7$	合成数
★ 7	$M_7=2^7-1=127$	素数
8	$M_8=2^8-1=255=3\cdot5\cdot17$	合成数
9	$M_9=2^9-1=511=7\cdot73$	合成数

10	$M_{10}=2^{10}-1=1023=3\cdot 11\cdot 31$	合成数
11	$M_{11}=2^{11}-1=2047=23\cdot 89$	合成数
12	$M_{12}=2^{12}-1=4095=3^2\cdot 5\cdot 7\cdot 13$	合成数
★13	$M_{13}=2^{13}-1=8191$	素数
14	$M_{14}=2^{14}-1=16383=3\cdot 43\cdot 127$	合成数
15	$M_{15}=2^{15}-1=32767=7\cdot 31\cdot 151$	合成数

のように、ときどき素数になる。

まず、n が合成数のときには、M_n も合成数である。例えば $n=6=2\cdot 3$ ならば、

$$2^6-1=(2^2)^3-1=4^3-1=(4-1)(4^2+4+1)=3\cdot 21$$

一般に、$2^{st}-1$ で $2^s=r$ と置けば、

$$2^{st}-1=r^t-1=(r-1)(r^{t-1}+\cdots\cdots+1)$$

$s>1$ だから $r>2$ で、確かに因数分解である。

しかし、上の M_{11} を見ればわかるように、n が素数でも M_n も素数とはいえない。それならば、どのような素数 n のときに M_n が素数になるか。

メルセンヌ (1588年~1648年)

フランスの修道士メルセンヌは数学を得意としていた。またその当時の多くの数学者と親交があった。当時は現代のような専門の学会や雑誌はなくて、新しい研究結果などの情報は、親しい友人の間の交流や文通によっていた。

そこで、新しい情報がメルセンヌのところに集まり、それはすぐに、数学界の人たちに知らされた。デカルトやフェルマーも含まれていたこの集会が基になって、1666年にアカデミーが創設されたのである。

メルセンヌの予想

メルセンヌは、たいへんな計算をしたのだろうと思うが、

「257までの $n=2$, 3, 5, 7, 13, 17, 19, 31, 67, 127, 257（すべて素数）のときに M_n も素数である」

と主張した。$n=257$ のときには、

$M_{257} = 2^{257} - 1$

= 231 58417 84746 32390 84714 19700 17375 81570 65399 69933 12811 28078 91516 80158 26592 79871

である。コンピュータが一般に普及していない昔は、みんなをびっくりさせるためにこのような長い桁数の数字を書いたものだ。今は誰もちっとも驚かない。

メルセンヌがこれを計算したとは思われないが、直観であろうか、これが素数であることを確信したのだ。残念ながら、これは合成数であることがのちにわかったのだが。

$2^{257}-1$ を全部書いてしまったが、もしも、どのくらいの大きさか桁数を調べるだけならば、対数を使うとよい。ちょっと復習しておく。

$1=10^0$, $10=10^1$, $100=10^2$, $1000=10^3$

のように書いたとき、ベキ指数 0, 1, 2, 3 を 1, 10, 100, 1000 の**対数**といい、

$\log(1)=0$, $\log(10)=1$, $\log(100)=2$, $\log(1000)=3$

などと書く。

10のベキでない 2 などはどうするか。

$$10^0 < 2 < 10^1$$

なので、ベキ指数の理論を使って計算すると、約

$$2 \fallingdotseq 10^{0.30103}$$

とすればよいことがわかるので、

$$\log(2) \fallingdotseq 0.30103$$

である。このようにして、多くの数の対数が計算されて表になっている。もちろん関数電卓でもわかる。

対数の基本性質は、

$$\log(ab) = \log(a) + \log(b)$$
$$\log(a^b) = b \cdot \log(a)$$

である。

$$10^0 \leq * < 10^1 \leq ** < 10^2 \leq *** < 10^3 \leq **** < 10^4 \leq \cdots\cdots$$

だから、

(a の桁数) = (a の対数の整数部分) + 1

である。そこで、

$$\log(M_{257}) \fallingdotseq \log(2^{257}) = 257 \cdot \log(2)$$
$$= 257 \cdot 0.30103 \fallingdotseq 77.3$$

で、78桁となり、あっている。

その後、多くの数学者によって、メルセンヌが素数であると予想した中の M_{17}, M_{19} が実際に素数であることが確定し、また、数学王オイラーは M_{31} が素数であることを示した。

メルセンヌ素数

一般に、大きな数が素数であるかどうかを判定し、その上それを素因数分解するのは、スーパーコンピュータにとっても大仕事であるが、メルセンヌ型の整数に対しては、

リュカ・テストと呼ばれる方法で素数かどうかの判定がそれほどの長い時間をかけずにできる。リュカ（1842～1891年）は，1891年にこの方法を発見してすぐに M_{127} を調べて，これが素数であることを確かめた。

電卓でもできるように，小さな指数の，
$$M_7 = 2^7 - 1 = 127$$
についてやってみよう。4から始めて，$(\mathrm{mod}\ M_7)$ で2乗しては2を引くという操作を続ける。

$a_1 = 4$
$a_2 \equiv 4^2 - 2 \equiv 14 (\mathrm{mod}\ 127)$
$a_3 \equiv 14^2 - 2 \equiv 67 (\mathrm{mod}\ 127)$
$a_4 \equiv 67^2 - 2 \equiv 42 (\mathrm{mod}\ 127)$
$a_5 \equiv 42^2 - 2 \equiv 111 (\mathrm{mod}\ 127)$
$a_6 \equiv 111^2 - 2 \equiv 0 (\mathrm{mod}\ 127)$

a_{7-1} まで計算して，

$a_{7-1} \equiv 0 (\mathrm{mod}\ 127)$ ならば M_7 は素数である。

$a_{7-1} \not\equiv 0 (\mathrm{mod}\ 127)$ ならば M_7 は素数ではない。

というのである。

$$M_{11} = 2^{11} - 1 = 2047, \quad p = 11$$
については，

$a_1 = 4$
$a_2 \equiv 4^2 - 2 \equiv 14 (\mathrm{mod}\ 2047)$
$a_3 \equiv 14^2 - 2 \equiv 194 (\mathrm{mod}\ 2047)$
$a_4 \equiv 194^2 - 2 \equiv 788 (\mathrm{mod}\ 2047)$
$a_5 \equiv 788^2 - 2 \equiv 701 (\mathrm{mod}\ 2047)$
$a_6 \equiv 701^2 - 2 \equiv 119 (\mathrm{mod}\ 2047)$
$a_7 \equiv 119^2 - 2 \equiv 1877 (\mathrm{mod}\ 2047)$

$$a_8 \equiv 1877^2 - 2 \equiv 240 \pmod{2047}$$
$$a_9 \equiv 240^2 - 2 \equiv 282 \pmod{2047}$$
$$a_{10} \equiv 282^2 - 2 \equiv 1736 \pmod{2047}$$

$a_{10} \not\equiv 0 \pmod{2047}$ だから，M_{11} は素数ではない。

●問　M_{13} が素数かどうかを判定せよ。

●問　現在(2002年)で最大のメルセンヌ素数 $M_{13466917}$ の桁数を求めよ。

オイラー (1707年〜1783年)

　スイスのバーゼルに生まれて，他と比較を絶するほど多くの業績を残した数学者である。その著作は90巻を超え，現在でもまだ完結していない。彼にとっては，計算するのは呼吸するのと同じようにやさしかったという。そういえば，ガウスも，子供の頃，口がきける前に計算ができたという。

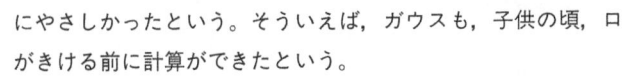

　1726年にサンクトペテルブルグのアカデミーに招かれ，1741年まで滞在した。

　研究に熱心のあまり，右眼を失明し，後には左眼も失明してしまったが，研究を続けた。オイラーは18世紀の数学の中心に立つ数学者で，数学のほとんど全分野に貢献した。

　オイラーはまたいろいろな記号を導入し普及させた。π，e，i，Σ などの導入はオイラーによると言われている。[Fe] などを見よ。

リュカの方法によってチェックしてみると，メルセンヌの11個の予想，

$$2,\ 3,\ 5,\ 7,\ 13,\ 17,\ 19,\ 31,\ 67,\ 127,\ 257$$

の中で，M_{67} と M_{257} は素数ではなく，また M_{61}，M_{89}，M_{107} の3個は予想から抜けていた。打率は $\dfrac{9}{13}=0.692$。

大きなメルセンヌ数もリュカの方法によって，素数性の判定が容易（もちろんスーパーコンピュータのお世話になるのだが）なので，新しい素数の発見はもっぱらメルセンヌ素数に向けられている。2001年現在までの記録は付録に載せておいた。特に，M_{21701} はアメリカの高校生が発見して，日本の新聞記事になった。

さて，メルセンヌ数がどんどん大きくなると，これをチェックするのに1台のコンピュータでは天文学的な時間がかかってしまうから，インターネットを利用して多数の人々の協力で計算することが考えられた。この団体がＧＩＭＰＳ（The Great Internet Mersenne Prime Search）である。36番目以降の素数は，ＧＩＭＰＳが発見したものである。興味ある方は，

http://www.utm.edu/research/primes/largest.html

を見よ。

8-2 完全数

「万物は数である」といったのはピタゴラスであるが，ギリシャ人は数をいろいろと分類して名前を付けた。その中

第8章 素数のいろいろ

に完全数というのがある。

$n=24$ の，自身を除いた約数は，1，2，3，4，6，8，12で，これらを全部加えると，$\sigma_1(24)-24=36$ で n より大きいから，24は**過剰数**である。次の25の自身以外の約数は 1，5 しかなく $\sigma_1(25)-25=6$ で，n より小さいから**不足数**である。素数 p の自身以外の約数は 1 しかないから，$\sigma_1(p)-p=1$ で，不足数である。そうすると，それがちょうど n になる合成数を調べたくなるであろう。これを**完全数**という。2 から順に調べると，$n=6$ が完全数であることはすぐに分かるが，次はずっと飛んで，$n=28$ で $1+2+4+7+14=28$ となり，28 は 2 番目の完全数である。以下，496, 8128, ……（実は次ページの T8-1 によって，メルセンヌ素数から完全数が作れる）。

どんな数が完全数になるのだろうか。まことに驚くべきことなのだが，たびたび名前が出るユークリッドは，2300年も昔にこの答えを出している。9巻命題36 [Na]。

「もし単位から始まり順次に 1 対 2 の比をなす任意個の数が定められ，それらの総和が素数になるようになされ，そして全体が最後の数に掛けられてある数をつくるならば，その積は完全数であろう」

解説 単位から始まり，順次に 1 対 2 の比をなす数列の和が素数というのだから，

$$1+2+2^2+2^3+2^4+\cdots\cdots+2^{n-1}=2^n-1$$

が素数ということになる。メルセンヌ素数である。

これが，「上の数列の最後の項に掛けられる」のだから，

$$N = 2^{n-1}(2^n - 1)$$
が完全数ということを主張している。

ユークリッドは n が 3 の具体的な場合を証明しているのだが、その証明は完全に一般的である。しかし、ユークリッドの証明はたいへん長く、また現代式とはだいぶ違うので、ここでは挙げない。

以下は現代の立場と記号で書き直した証明である。

T 8-1

n を正整数とする。$2^n - 1$ が素数ならば、
$$N = 2^{n-1}(2^n - 1)$$
は完全数である。

偶数の完全数はこの型に限る。

証明 2^{n-1} の約数と $2^n - 1$ の約数との積は N の約数で、また 2^{n-1} と $2^n - 1$ は互いに素だから、これで N の約数は尽くされる。

2^{n-1} の約数は $1, 2, 2^2, 2^3, 2^4, \ldots, 2^{n-1}$

$2^n - 1$ は素数だから、その約数は 1 と $2^n - 1$

結局、N の約数(n 自身を含む)の総和は、
$$\begin{aligned}\sigma_1(N) &= (1 + 2 + 2^2 + \cdots + 2^{n-1})(1 + 2^n - 1) \\ &= (2^n - 1) 2^n = 2N\end{aligned}$$

逆はどうか。つまり、N が完全数ならば、上の型でなければならないか。ユークリッドはこの証明はしなかったけれども、後のオイラーは、偶数の完全数は上の型の数に限ることを、次のように証明した。

N が偶数の完全数であるとする。N から因数 2 をできるだけ出して,

$$N = 2^{r-1}k, \quad k は奇数$$

とする。$r-1$ としたのはあとの形と合わせるため。約数の和 $\sigma_1(N)$ は乗法的関数だから,

$$\sigma_1(N) = \sigma_1(2^{r-1}k) = \sigma_1(2^{r-1})\sigma_1(k)$$
$$\sigma_1(2^{r-1}) = 1 + 2 + 2^2 + \cdots\cdots + 2^{r-1} = 2^r - 1$$

だから,

$$\sigma_1(N) = (2^r - 1)\sigma_1(k) \qquad (*)$$

N は完全数だから,

$$\sigma_1(N) = 2N = 2^r k = (2^r - 1)k + k$$

(*) と等置して,両辺を $(2^r - 1)$ で割ると,

$$\sigma_1(k) = k + \frac{k}{2^r - 1}$$

右辺の 2 項は k の約数で,その和が約数全体の和 $\sigma_1(k)$ になるのだから,k の約数は 2 つだけ。よって,k は素数で,もう 1 つの項は 1 でなければならない。そこで,

$$N = 2^{r-1}(2^r - 1) \quad で \quad k = 2^r - 1 \text{ (素数)}$$

である。◆

奇数の完全数は発見されていない。「存在しないであろう」という予想だが,証明されていない。存在したとしても 100^{100} 以上であるという。

8-3 フェルマー

初等整数論の本では,フェルマーは単独の項目を立てるだけの価値がある。前に述べたように,数学者クラインは

古代からの三大数学者として、アルキメデスとニュートンとガウスを挙げたが、フェルマーもこれらに劣らぬ天才という評価もある。

フェルマー（1601～1665年）はデカルト（1596～1650年）やパスカル（1623～1662年）と同時代の数学者である。裕福な商人の子供として、フランスのボーモンに生まれた。1631年に高等法院の評定官になってから、余暇をみて数学の研究をはじめた。

その業績は、数論・幾何学・微積分・確率論に及ぶ。例えば、

「線分ABをCで分割して、積AC・CBを最大にせよ」
という問題を次のように解いた。

$AB=b$, $AC=a$, と置けば、$CB=b-a$, 積AC・$CB=a(b-a)$である。aを僅かにeだけ変えて、
$$a(b-a) \fallingdotseq (a+e)(b-a-e)$$
$$ba-a^2 \fallingdotseq ba-a^2+be-2ae-e^2$$
$$be \fallingdotseq 2ae+e^2$$
$$b \fallingdotseq 2a+e$$
ここで、$e=0$と置けば、
$$b=2a \quad \text{すなわち} \quad a=\frac{b}{2}$$
微係数の考えが潜んでいるように見える。

また、物理を学んだ方は、

フェルマーの原理：光が1つの媒質から他の媒質に進むとき、最短時間をとるような路を進む

を知っているであろう。

しかし、もっとも重要なのは、有名な「書き込み」であ

る [Ad2]。

1994年のワイルズの証明の完成が喧伝されてから，フェルマーの最終定理についてはたくさんの新聞・雑誌の記事・単行本が書かれたので，同じことを書くのも恥ずかしいくらいだが，順序として書かねばなるまい。

彼は研究成果を発表することが少なくて，多くは数学者への手紙や読んだ本への書き込みとして残っているだけである。

数学者バッシェは，ギリシャの数学者ディオファントスの『アリトメティカ』のラテン訳を1621年に発行した。フェルマーはそれを読んで数論の研究を始めた。そうしてたくさんの書き込みをしたのだが，その2番目が有名なフェルマーの大定理あるいはフェルマーの最終定理である。それは，次のようなものであった。

「他方，立方を二つの立方に，あるいは二重平方を二つの二重平方に，そして一般に，平方を超える不定の冪を同一の名の二つのものに分つことはできない。そのことの驚くべき証明を私は見つけたが，それを記すには余白が小さすぎる」（足立恒雄訳）

現代の書き方では，

自然数 $n \geq 3$ に対して，フェルマー方程式，
$$x^n + y^n = z^n$$
を満たす自然数 x, y, z は存在しない。

ということになる。

ワイルズの証明が出る以前の話。上の書き込みのことを知っていたある学生が，難しい試験問題の答案に，

「私は驚くべき解答を発見したが，余白が狭くて書けな

い」

と書いて出したら、数学史をよく勉強している学生だと先生が感心して、○をつけてやったという。

しかし、ワイルズの証明が新聞にも載って、フェルマーの書き込みも広く知られるようになってしまった今では、もう通用しない。以上は賢い学生さんに注意。

数論へのフェルマーの貢献は、時代を超越した天才的なものであった。詳しくは [Ad2] を見よ。

8-4 フェルマー素数

「素数を表す式はあるか」という問題でメルセンヌは、$M_n = 2^n - 1$ という形の数を考えたのだが、これに対して、フェルマーは、

$$F = 2^m + 1$$

という型の数を考えた。

m から 2 のベキをできるだけ出して、

$$m = 2^t k = uk, \quad k \text{ は奇数}$$

とする。さらに、$2^u = v$ と置くと、

$$F = (2^u)^k + 1 = v^k + 1$$

k は奇数だから、$k > 1$ ならば、

$$v^k + 1 = (v+1)(v^{k-1} - v^{k-2} + \cdots\cdots + 1)$$

のように因数分解されて、素数ではない。

そこで、F が素数であるためには、$k = 1$、$m = 2^n$ で

$$F_n = 2^{2^n} + 1$$

となることが必要である。十分かどうか、つまりこの形の整数が素数であるかどうかはこれだけからはわからない。

第8章●素数のいろいろ

●蛇足：2^{2^n} は $2^{(2^n)}$ である。$(2^2)^n$ とは違う。

この型の整数を**フェルマー数**，素数であるものを**フェルマー素数**という。

フェルマーの予想

はじめのいくつかを書いてみよう。

$F_0 = 2^{2^0} + 1 = \quad 2^1 + 1 = 3$

$F_1 = 2^{2^1} + 1 = \quad 2^2 + 1 = 5$

$F_2 = 2^{2^2} + 1 = \quad 2^4 + 1 = 17$

$F_3 = 2^{2^3} + 1 = \quad 2^8 + 1 = 257$

$F_4 = 2^{2^4} + 1 = \quad 2^{16} + 1 = 65537$

$\sqrt{65537} \fallingdotseq 256$ だから，この本の素数表と電卓を使えば，F_4 が素数であることが判る。フェルマーもおそらくたいへんな苦労をして，F_4 は素数であることを確かめたのであろう。

次は，

$F_5 = 2^{2^5} + 1 = \quad 2^{32} + 1 = 42949\ 67297$

$F_6 = 2^{2^6} + 1 = \quad 2^{64} + 1 = 18446\ 74407\ 37095\ 51617$

と続く。皆さんは，電卓を使ってもよいといわれても，$\sqrt{4294967297} \fallingdotseq 65537$ までの6543個の素数について，割り切れるかどうか試してみる根気はないであろう（何人かで分担するという方法もあるが）。もちろん，当時の計算手段では確かめることはできなかったであろうが，どういう根拠からかフェルマーはこれも素数であると確信して，

「フェルマー数 $F_n = 2^{2^n} + 1$ はすべて素数である」

と予想した。

その後多くの数学者が F_5 の素因数分解に挑戦したが，

ついに100年もたって，オイラーがこれを解決した。オイラーは万能の数学者であったから，フェルマーが残したすべての未解決の問題に挑戦したのである。オイラーは，次々に素数で割ってみるという方法ではなくて，あとでp.261で述べるような方法で，F_5の素因数を探して，
$$F_5 = 641 \cdot 6700417$$
のように因数分解してみせた。

フェルマーの予想に反して，F_5からあとはまだ素数は発見されていない。ペパンの方法を使えば，素因数を見つけることは別にして，素数かどうかの判定をすることができる。2000年現在で，F_5からF_{30}までは合成数であることが決定しており，F_5からF_{11}までは，完全に素因数分解もされている。F_{11}などは，617桁もあり，その素因数は6桁，6桁，21桁，22桁，564桁の6個であるという。

F_5以降はすべて合成数であろうという予想もなされている。

また，本書では触れることができなかったが，フェルマー素数は，

　　　定規とコンパスによる正多角形の作図

と思いがけない深い関係があることが，ガウスによって発見された [Ta4]。

8-5 ゴールドバッハ予想

ゴールドバッハが1742年にオイラーに宛てた手紙の中で次の予想を述べた。現在まで未解決である。

第8章 素数のいろいろ

ゴールドバッハ予想:
　6以上のすべての偶数は2個の素数の和として表され，
　9以上のすべての奇数は3個の素数の和として表される。

いくつか試してみよう。
$6=3+3, 7=2+2+3, 8=3+5, 9=2+2+5, 10=3+7$
　　　　　　　　　　　　　$=3+3+3$　　$=5+5$
さらに続けてみよ。

　ソ連の数学者ヴィノグラドフによる，
「十分大きな奇数は3個の素数の和で表される」
という結果もある。数学では，よく「十分大きな」という言い方をするが，これは，
「ある n_0 よりも大きな n に対して」
という意味であるが，この n_0 は具体的にはわからないことが多い。

8-6 双子素数

　素数表を見ていくと，だんだんと疎らになっていく。しかしかなり先に進んでも，例えば9239と9241のように2つ違いの素数の対が見つかる。このような2つの素数の組み合わせを**双子素数**という [Gu]。

　双子素数は無限にあるだろう。これが双子素数予想であって，未解決である。巻末の素数表で2000から3000までを調べてみると，39組あり，出現率は0.039。3000から4000までは22組で，出現率は0.022であった。

2002年までに知られている大きな双子素数は,

$$33218925 \cdot 2^{169690} \pm 1 \quad 60194061 \cdot 2^{114689} \pm 1$$
$$1765199373 \cdot 2^{107520} \pm 1 \quad 318032361 \cdot 2^{107001} \pm 1$$
$$1807318575 \cdot 2^{980305} \pm 1$$

などがある。

x までの双子素数の個数を $T(x)$ とすると,

$$\lim \frac{T(x)}{\dfrac{x}{(\log x)^2}} = C$$

と予想されている。C はある定数である [La]。

第8章 ● 素数のいろいろ

練習問題 8

Q1 リュカの方法によって，M_{13} の素数性を判定せよ。

Q2 $M_{3021377}=2^{3021377}-1$ はどのくらいの大きさか。

Q3 3のベキ乗は完全数にはなり得ないことを示せ。

Q4 $n(\geqq 5)$ と $n+2$ が双子素数ならば，$n+1$ は 6 で割り切れることを示せ。

第9章 フェルマーの小定理・原始根

この節のテーマであるフェルマーの小定理は，簡単に見えるが，たいへん役に立ち，応用が広い。これに関連して，原始根という重要な考えを学ぶ。

この章はちょっと難しいかも知れない。

9-1 フェルマーの小定理

「小定理」というからには大定理がある。いわずと知れた
フェルマーの最終定理：

正整数 $n \geq 3$ のとき，
$$x^n + y^n = z^n$$

は，x，y，z について自明でない整数解を持たない。
である。これまで，何回も触れた。

さて，フェルマーの小定理とは何か。例のとおり数値実験から始める。$p=7$ として，$a=1$ から $p-1$ までの整数について，$(\bmod\ p)$ でベキ乗を計算し，観察しよう。

(mod 7) による $1 \leq a \leq 6$ のベキ

a	1	2	3	4	5	6
a^1	1	2	3	4	5	6
a^2	1	4	2	2	4	1
a^3	1	1	6	1	6	6
a^4	1	2	4	4	2	1
a^5	1	4	5	2	3	6
a^6	1	1	1	1	1	1
a^7	1	2	3	4	5	6

どの a も途中はいろいろだが，$p-1=6$（乗）の行で 1 が揃う。

合成数ではどうか。$n=8$ とし，(mod 8) で計算すると，

(mod 8) による $1 \leq a \leq 7$ のベキ

a	1	2	3	4	5	6	7
a^2	1	4	1	0	1	4	1
a^3	1	0	3	0	5	0	7
a^4	1	0	1	0	1	0	1
a^5	1	0	3	0	5	0	7
a^6	1	0	1	0	1	0	1
a^7	1	0	3	0	5	0	7
a^8	1	0	1	0	1	0	1

(mod 7) の場合と違って，0 がたくさんあり，1 が横に揃うこともない。このほかいくつかの p について計算してみよ。

●問　$p=11$，13 として，$a=1$ から $p-1$ までについて，ベキ乗の表を作れ。あとで使う。

わずかの例でいささか強引だが，次の定理を予想する。

T 9-1

フェルマーの小定理

p が素数ならば，
すべての a，$(a, p)=1$ に対して，$a^{p-1} \equiv 1 \pmod{p}$　（*）

注意 逆は成り立たない。つまり，（＊）が成り立っても，p が素数とは限らない。

証明の準備のための復習。

$p=7$ は素数だから，

  1 2 3 4 5 6

は (mod 7) の既約代表系である。

このうちの1つ，例えば $a=3$ を各項に掛けると，(mod 7) で，

  $1\cdot3$ $2\cdot3$ $3\cdot3$ $4\cdot3$ $5\cdot3$ $6\cdot3$
  3 6 2 5 1 4

で，順序が変わっているだけで1から6までが1通り揃っており，やはり既約代表系である。また4を掛けてみると，

  $1\cdot4$ $2\cdot4$ $3\cdot4$ $4\cdot4$ $5\cdot4$ $6\cdot4$
  4 1 5 2 6 3

で，やはり既約代表系となる。証明はやさしい。

一般に p を奇素数とし，$(a, p)=1$ のような a を各項に掛ける。

  1 2 3 …… $p-1$ （1）
  $1a$ $2a$ $3a$ ……$(p-1)a$ （2）

もしも，（2）の中の2つが (mod p) で合同であったとすると，

  $ia\equiv ja \pmod{p}$ $(i-j)a\equiv 0 \pmod{p}$

$(a, p)=1$ だから，両辺から a を約せて，

$$i\equiv j \pmod{p}$$

i も j も p より小さいのだから，$\equiv$ は $=$ となり，

$$i=j$$

第9章●フェルマーの小定理・原始根

で，同じになってしまった。対偶によって，(2)の異なる項は非合同だから，(2)は $(\bmod p)$ で(1)と一致する。

フェルマーの小定理の証明

(1)と(2)は全体として $(\bmod p)$ で一致しているから，全部の積も $(\bmod p)$ で合同である。

$$1\cdot 2\cdots\cdots\cdot (p-1) \equiv (1a)(2a)\cdots\cdots((p-1)a) \pmod{p}$$
$$(p-1)! \equiv (p-1)!\cdot a^{p-1} \pmod{p}$$

もちろん $((p-1)!, p)=1$ だから，両辺からこれを約して，

$$a^{p-1} \equiv 1 \pmod{p}$$ ◆

上の式の両辺に a を掛けて，

$$a^p \equiv a \pmod{p}$$

と書けば，$(a, p)=1$ という条件なしで成り立つ。しかし，こうしない方がよい。

$(p-1)$ 乗すれば必ず $\equiv 1 \pmod{p}$ になるのだが，p. 230 の計算表からもわかるように，その以前に $\equiv 1 \pmod{p}$ になることもある。これについては，あとの話題とする。フェルマーの小定理を使うと，以前の繰り返しになるが $(\bmod p)$ のベキ乗計算を簡単にできる場合がある。

例 $\qquad x \equiv 123^{45} \pmod{13}$

先ず，$123 \equiv 6 \pmod{13}$ に注意すれば，

$$x \equiv 6^{45} \pmod{13}$$

ベキ指数については，フェルマーの小定理によって，

$$6^{12} \equiv 1 \pmod{13}$$

だから，除算アルゴリズムによって，$45 = 12\cdot 3 + 9$ で，

$$x \equiv 6^{45} \equiv 6^{12 \cdot 3 + 9} \equiv (6^{12})^3 \cdot 6^9 \equiv 6^9 \equiv 5 \pmod{13}$$

●問　$1^4 + 2^4 + \cdots\cdots + 99^4$ は 5 で割り切れることを示せ。

$4n+1$ 型の素数

p.120 では、$4n+3$ 型の素数が無限にあることを証明し、$4n+1$ 型の素数についてはあとに回すといった。フェルマーの小定理を学んだので、ここで証明する。

T 9-2

$4n+1$ 型の素数は無限に存在する。

証明　$4n+1$ 型（以下 1 型という）が有限個であったとし、それらの積を $b = p_1 p_2 \cdots p_k$, $a = (2b)^2 + 1$ と置く。

a が素数ならば、これは p たちとは異なる 1 型素数である。素数でなければ、素因数の 1 つを q とする。q は奇数だから、$q = 2t + 1$ と置く。$q > 2$ である。$q \mid a$ だから、
$$(2b)^2 \equiv -1 \pmod{q}$$
$(q, 2b) = 1$ だから、フェルマーの小定理によって、
$$(2b)^{2t} \equiv (2b)^{q-1} \equiv 1 \pmod{q}$$
$$(2b)^{2t} \equiv ((2b)^2)^t \equiv (-1)^t \pmod{q}$$
だから、
$$(-1)^t \equiv 1 \pmod{q} \;\Rightarrow\; t = 2n,\; n \text{ は正整数}$$
そこで、$q = 4n+1$ で、p たちとは異なる 1 型の素数である。　◆

計算例

b	5	5·13	5·13·17	5·13·17·29
a	101	16901	4884101	37·173·641701

オイラーの定理

　法が素数 p ではなくて一般の正整数 n の場合には，フェルマーの小定理と同じような議論はできない。例えば $n=8$ とする。完全代表系，

　　　　0　1　2　3　4　5　6　7

をとり，$a=2$ として，(mod 8) で a を掛ける。

　　　　0　2　4　6　0　2　4　6

で，完全代表系にならない。p. 231 の (mod 8) の計算表を見れば，理由は明らかである。そこで，法8と互いに素な数 1, 3, 5, 7 だけを集めると，既約代表系である。

　個数はオイラーの関数 $\varphi(8)=4$ 個である。

(8,a)=1 の a のベキ

a	1	3	5	7
a^2	1	1	1	1
a^3	1	3	5	7
a^4	1	1	1	1
a^5	1	3	5	7
a^6	1	1	1	1
a^7	1	3	5	7
a^8	1	1	1	1

今度は $\varphi(8)=4$ (乗) で1が揃った (2 でも揃っているが)。

　このようにして，既約代表系 $\{1, 3, 5, 7\}$ の任意

の a を選び,
$$1\cdot a \quad 3\cdot a \quad 5\cdot a \quad 7\cdot a \qquad (2)$$
をつくる。もしも，(2)の中の2つが合同になったとすれば，
$$i\cdot a \equiv j\cdot a \pmod{8} \Rightarrow (i-j)a \equiv 0 \pmod{8}$$
$(a, 8)=1$ だから，a を約して，
$$i-j \equiv 0 \pmod{8} \Rightarrow i \equiv j \pmod{8}$$
$0 \leq i, j < 8$ だから，
$$i=j$$
そこで，(mod 8)で全体として $\{1, 3, 5, 7\}$ と一致しており，
$$1\cdot 3\cdot 5\cdot 7 \equiv 1\cdot 3\cdot 5\cdot 7\cdot a^4 \pmod{8}$$
$(1\cdot 3\cdot 5\cdot 7, 8)=1$ だから，$1\cdot 3\cdot 5\cdot 7$ を約して，
$$a^4 \equiv 1 \pmod{8}$$

以上の議論は完全に一般的である。

T 9-3

オイラーの定理

正整数 n と $(a, n)=1$ のような a に対して,
$$a^{\varphi(n)} \equiv 1 \pmod{n}$$
$\varphi(n)$ はオイラーの関数である。

特に n が素数 p ならば, $\varphi(p)=p-1$ だから,
$$a^{p-1} \equiv 1 \pmod{p}$$

例 $\varphi(10)=4$ で, 10と互いに素なのは, $a=1, 3, 7, 9$ で,
$$1^4 \equiv 3^4 \equiv 7^4 \equiv 9^4 \equiv 1 \pmod{10}$$

素数は無限にある

（1） p.116で「素数は無限にある」ことの2通りの証明を紹介した。このほかにもいろいろな証明が考えられているが，フェルマーの小定理を使った証明を示す。

p.212で，いくつかの素数 p に対してメルセンヌ数 $M_p = 2^p - 1$ を計算した。もちろん $p < M_p$ である。

もしも M_p が素数ならば，p より大きい素数が見つかった。

M_p が合成数ならば，その素因数の1つを q とすると，
$$2^p \equiv 1 \pmod{q}$$
フェルマーの小定理から，
$$2^{q-1} \equiv 1 \pmod{q}$$

もしも $p = q$ ならば，
$$2^q \equiv 1 \pmod{q}, \ 2^{q-1} \equiv 1 \pmod{q}$$
から，
$$2 \equiv 1 \pmod{q}$$
これは不合理。

もしも $q < p$ ならば，$(p, q-1) = 1$ だから，$px + (q-1)y = 1$ のような x, y がある。そこで，
$$2 = 2^1 = 2^{px+(q-1)y} \equiv (2^p)^x (2^{q-1})^y \equiv 1 \pmod{q}$$
$$2 \equiv 1 \pmod{q}$$
これも不合理である。

そこで，どんな素数 p より大きな素数 q が見つかったので，素数は無限にある。　　　　　　　　　　　　　　◆

9-2 カーマイケル数

フェルマーの小定理によれば，
p が素数のときには，
　$(a, p)=1$ のようなすべての a に対して，
$$a^{p-1}\equiv 1 \pmod{p}$$
であった。これからいくつかの結果を導くために，ちょっと論理の寄り道をする。

ある定理の逆・裏・対偶については知っていると思うが，フェルマーの小定理がそれらと違うのは，全称命題といって，
「すべての a に対して」
という条件が付いている点である。これの否定は間違えやすい。

　すべての x について，$x^2=0$
の否定は，「すべての x について，$x^2\neq 0$」ではなくて，
　ある x について，$x^2\neq 0$
が正しい。

　すべての偶数は 2 で割り切れる
の否定は，
　ある偶数は 2 で割り切れない
　2 で割り切れない偶数がある
である（これらはもちろん誤りだが）。

　ある x に対して，$f(x)=0$
の否定は，
　すべての x について $f(x)\neq 0$
となる。

フェルマー・テストとカーマイケル数

以上の復習を踏まえ,フェルマーの小定理に示唆されて,次のテストが考えられた。

正整数 n の,a を底とする**フェルマー・テスト**,
$FT_n(a)$: $(a,n)=1$ のような正整数 a に対して,
$$a^{n-1} \equiv 1 \pmod{n}$$
が成り立つか。

この答えが yes ならば,n は $FT_n(a)$ をパスしたという。

そうすると,フェルマーの小定理は,

「p が素数ならば,p は $(a,p)=1$ のすべての a に対する $FT_p(a)$ をパスする」

で,これの対偶をとると,

「$FT_n(a)$ をパスしない $(a,n)=1$ の a があれば,n は素数ではない」

となる。これは役に立つ結果である。

例 $n=15$ とすると,
$$2^{15-1} \equiv 2^{14} \equiv 4 \not\equiv 1 \pmod{15}$$
だから 15 は素数ではない。

しかし残念なことには,フェルマーの小定理の逆は成り立たないから,

「すべての a に対して $FT_n(a)$ をパスしても n が素数とはいえない」

しかし,そのような n はたいへん少ない。そこで,次の定義が生まれた。

D 9-1

$(n, a) = 1$ のすべての a に対して $FT_n(a)$ をパスする合成数 n を**カーマイケル数**という。

　カーマイケル数はすべて奇数である。
　$a^n \equiv a \pmod{n}$ に $a = n-1$ を代入すれば，
$(-1)^n \equiv -1 \pmod{n}$。$n$ が偶数ならば $1 \equiv -1 \pmod{n}$ となってしまい，こういう合成数 n はないから，n は奇数である。
　カーマイケル数を見つけるのは難しいが，最小なカーマイケル数は，
$$561 = 3 \cdot 11 \cdot 17$$
であることが知られている。チェックしてみよう。
　$(a, 561) = 1$ とする。フェルマーの小定理によって，
　$a^2 \equiv 1 \pmod{3}$ だから，$a^{560} \equiv (a^2)^{280} \equiv 1 \pmod{3}$
　$a^{10} \equiv 1 \pmod{11}$ だから，$a^{560} \equiv (a^{10})^{56} \equiv 1 \pmod{11}$
　$a^{16} \equiv 1 \pmod{17}$ だから，$a^{560} \equiv (a^{16})^{35} \equiv 1 \pmod{17}$
3, 11, 17のどの2つも互いに素だから，
$$a^{560} \equiv 1 \pmod{561}$$
で，$FT_{561}(a)$ をパスする。
　カーマイケル数は非常に珍しくて，561に続くものは，
$$1105, \ 1729, \ 2465, \ 2821,$$
などがあるが，このあと，
　　　10^3 までに 1 個
　　　10^4 までに 7 個
　　　10^5 までに16個
　　　10^6 までに43個

あることが知られている。

カーマイケルは1910年の論文で、無限に多くのカーマイケル数が存在すると予想した。この予想は、1984年にアルフォード、グランヴィル、ポマランスによって、肯定的に証明された。

偽素数

カーマイケル数はすべての a, $(a,n)=1$ に対してテスト $FT_n(a)$ をパスする合成数 n であったが、すべてではなくてある a に対して $FT_n(a)$ をパスする合成数 n を **a を底とする偽素数**という。

パソコンで $n=20$ までの整数について $FT_n(2), FT_n(3), FT_n(5), FT_n(7)$ を調べてみたら、次のようであった。

	3	4	5	6	7	8	9	10	11	12	13	14	15	16	17	18	19	20
2	1		1		1		1	4	1		1		4		1		1	
3		3	1		1	3		3	1		1	3		11	1		1	7
5	1	1		5	1	5	7		1	5	1			13	1	11	1	
7	1	3	1	1		7	4	7	1	7	1		4	7	1	13	1	11

素数がそして素数だけがパスしている。

このあと、$n=100$ までチェックしてみると、

・$FT_n(2)$ をパスする合成数はなし
・$FT_n(3)$ をパスする合成数は91の1個
・$FT_n(5)$ をパスする合成数はなし
・$FT_n(7)$ をパスする合成数は25の1個

で、また、3から1000までで、$FT_n(2)$ をパスする合成数は、341, 561, 645の3個であった。パソコンが使える方は試してみよ。

底 a の個数を増していくにつれて，$FT_n(a)$ でチェックできる確率はだんだん大きくなる。かなり強力なテストといってよい。

次のデータは，[We2] による。

$FT_n(2)$ をパスした合成数の個数

$n \leq$	10^3	10^4	10^5	10^6	10^7	10^8	10^9	10^{10}
$FT_n(2)$	3	22	78	24	75	2057	5597	14884

次は，$10^2 \leq n \leq 10^8$ に対する結果である [Ki2]。

底 a	$FT_n(a)$ をパスした n の個数	誤答数
2	5763006	1576
2, 3	5761792	362
2, 3, 5	5761630	200
2, 3, 5, 7	5761605	175

判別率は0.9993であり，ほとんど確実といってよい。

$FT_n(2)$ かつ $FT_n(3)$ かつ $FT_n(5)$ かつ $FT_n(7)$ の判別率は0.99997である，普通ならば，この確率ならば文句なしに合格であるが，数学ではだめ。厳しい。

9-3 位 数

位 数

フェルマーの小定理によれば，

素数 p に対して，

$(a, p) = 1$ ならば，$a^{p-1} \equiv 1 \pmod{p}$

第9章●フェルマーの小定理・原始根

であった。

$p=7$ の場合, $1 \leq a \leq 6$ の a のベキ (mod 7) の表をもう一度見よう

(mod 7) による a : $1 \leq a \leq 6$ のベキ

a	1	2	3	4	5	6
a^2	1	4	2	2	4	1
a^3	1	1	6	1	6	6
a^4	1	2	4	4	2	1
a^5	1	4	5	2	3	6
a^6	1	1	1	1	1	1
a^7	1	2	3	4	5	6

6乗はすべて $\equiv 1 \pmod{7}$ になるというのがフェルマーの小定理だが, それより前に $\equiv 1 \pmod{7}$ になる数がある。2と4は3乗で, 6は2乗で $\equiv 1 \pmod{7}$ になってしまう。

そこで, 次の定義をする。

D 9-2

正整数 n と整数 a, $(a,n)=1$ に対して,
$$a^d \equiv 1 \pmod{n}$$
のような最小の正整数 d を a の $(\bmod\ n)$ での**位数 (order)** といい,
$$d = \mathrm{ord}_n(a)$$
と書く。明白な場合には添え字 n を略すこともある。

表から, $p=7$ に対して,

$$\text{ord}(1)=1, \ \text{ord}(2)=3, \ \text{ord}(3)=6,$$
$$\text{ord}(4)=3, \ \text{ord}(5)=6, \ \text{ord}(6)=2$$

すべて $p-1=6$ の約数であることに注意！

次は，練習用に巻末の位数表からの抜粋。

この表をよく観察すれば，位数はすべて $p-1$ の約数であることに気がつく。　◆

$p:3\leq p\leq 17$ に対する $a:2\leq a\leq p-1$ の位数

p	3	5	7	11	13	17
$p-1$	2	4	6	10	12	16
2	2	4	3	10	12	8
3		4	6	5	3	16
4		2	3	5	6	4
5			6	5	4	16
6			2	10	12	16
7				10	12	16
8				10	4	8
9				5	3	8
10				2	6	16
11					12	16
12					2	16
13						4
14						16
15						8
16						2

さて，a の位数 d は $\equiv 1 \pmod{p}$ となる最初のベキ指数だから，これからあと位数の倍数のところで $\equiv 1 \pmod{p}$ となるのは当然である。

$$4^3\equiv 4^6\equiv 4^9\equiv 4^{12}\equiv 4^{15}\equiv \cdots\cdots \equiv 1 \pmod{7}$$

第9章●フェルマーの小定理・原始根

ところが, $\equiv 1 \pmod{p}$ となるベキ指数はこれらで尽くされる。

T 9-4

正整数 n について, a の位数を d とする。もしも,
$$a^s \equiv 1 \pmod{n}$$
ならば, s は d で割り切れる。

証明 s と d に除算アルゴリズムを使うと,
$$s = dq + r, \quad 0 \leq r < d$$
$$1 \equiv a^s \equiv a^{dq+r} \equiv (a^d)^q a^r \equiv a^r \pmod{n}$$
d は最小の正整数だから, $r = 0$ で $s = dq$, $d \mid s$。 ◆

T 9-5

奇素数 p に関する a の位数 d は, $p-1$ の約数である。
$$\mathrm{ord}_p(a) \mid p-1$$

問 証明はやさしい。読者試みよ。

さて, 今度は逆に,
「$p-1$ の任意の約数 d に対し p が素数のとき, d を位数とする数は存在するか。存在すれば, 個数は $\pmod{p}$ でいくつか」
という問題を研究しよう。

数値実験：$p = 13$ の表を例として, a, $1 \leq a \leq 13$ を位数で分類する。

245

k	位数 k の数	個数	$\varphi(k)$
1	$\{1\}$	1	1
2	$\{12\}$	1	1
3	$\{3, 9\}$	2	2
4	$\{5, 8\}$	2	2
6	$\{4, 10\}$	2	2
12	$\{2, 6, 7, 11\}$	4	4
合計		12	

これからの研究目標を先取りすれば，

「位数 k の数の個数は $(\mathrm{mod}\ p)$ で $\varphi(k)$ である」

を主張する．上の最後の欄に書いてある．

今，例えば位数 6 の数 $a=4$ をとり，その $(\mathrm{mod}\ 13)$ でのベキを作ってみると，

$4^1 \equiv 4,\ 4^2 \equiv 3,\ 4^3 \equiv 12,\ 4^4 \equiv 9,\ 4^5 \equiv 10,\ 4^6 \equiv 1,$

つまり，

0　1　2　3　4　5　6　7　8　9　10　11　12
1→4→3→12→9→10→1→4→3→12→9→10→1

のように 6 番目ごとに循環する．

$a=4$ の 2 乗 $b=3$ をとると，3 つおきに $\equiv 1$ となり，位数は 2 分の 1 になる：

0　　1　　2　　3　　4　　5　　6
1 → 3 → 9 → 1 → 3 → 9 → 1

$a=4$ の 3 乗 $c=12$ をとると，2 つおきに $\equiv 1$ となり，位数は 3 分の 1 となる．

0　　　　1　　　　2　　　　3　　　　4
1 → 12 → 1 → 12 → 1

第9章 ●フェルマーの小定理・原始根

そこで、次が推測できる。

T 9-6

正整数 p について、a の位数を d、d の約数を k とすれば、
$$\mathrm{ord}_p(a^k) = \frac{d}{k} = \frac{\mathrm{ord}_p(a)}{k}$$

証明 $\mathrm{ord}(a^k) = e$ と置き、$ke = d$ を証明する。
$$a^{ke} = (a^k)^e \equiv 1 \pmod{p}$$
$\mathrm{ord}(a) = d$ であるから、
$$d \mid ke \tag{1}$$

逆に、
$$1 \equiv a^{\frac{kd}{k}} \equiv (a^k)^{\frac{d}{k}} \pmod{p}$$
$\mathrm{ord}(a^k) = e$ であるから、
$$e \mid \frac{d}{k}, \ ek \mid d \tag{2}$$
(1) と (2) から、
$$ek = d \qquad \blacklozenge$$

これを必ずしも d の約数でない場合に一般化すると、

T 9-7

$\mathrm{ord}(a) = d$ であるとき、
$$\mathrm{ord}(a^k) = \frac{d}{(d,k)}$$

証明　（合同はすべて $(\bmod\ p)$ とする）。
$$\mathrm{ord}(a^k) = e, \quad (d,k) = f$$
と置く。

$d = fd_1,\ k = fk_1$ と置けば，$(d_1,\ k_1) = 1$ である。
$$a^{ek} = (a^k)^e \equiv 1, \quad \mathrm{ord}(a) = d$$
であるから，
$$d\ |\ ke \quad \text{すなわち}\ d_1\ |\ k_1 e$$
$(d_1,\ k_1) = 1$ であるから，
$$d_1\ |\ e$$

他方，
$$(a^k)^{d_1} = (a^d)^{k_1} \equiv 1, \quad \mathrm{ord}(a^k) = e$$
であるから，
$$e\ |\ d_1$$
あわせて，
$$e = d_1 = \frac{d}{(d,k)}$$
◆

さて，p.245に戻って，
「$p-1$ の任意の約数 d に対し p が素数のとき，d を位数とする数は存在するか。存在すれば，個数は $(\bmod\ p)$ でいくつか」
という問題を研究しよう。

いま位数 d の数 a が存在したとして，その個数を調べる。$\mathrm{ord}(a) = d$ だから，$(\bmod\ p)$ で a のベキを作っていくと，a^d で初めて $\equiv 1 (\bmod\ p)$ となる。
$$1,\ a,\ a^2,\ \cdots\cdots,\ a^r,\ \cdots\cdots,\ a^{d-1},\ a^d \equiv 1 \quad (1)$$
ところが，これらはすべて d 乗すれば $\equiv 1(\bmod\ p)$ とな

る。
$$(a^r)^d = (a^d)^r \equiv 1 \pmod{p}$$
であるから，位数 d の数の候補者である。これらは，
$$x^d \equiv 1 \pmod{p}$$
の根であるが，次数 d の合同方程式の根は d 個以下であることが証明できるので，（1）以外には，d 乗して $\equiv 1$ になる数はない。

これらの中で，位数が本当に d であるものはいくつあるか。p.247 の T9-7 によれば，a^k の位数が d となるのは，
$$a^k : (k, d) = 1$$
のような a^k で，このような k は $\varphi(d)$ 個ある。

d	もしも位数 d の数があれば
1	$\varphi(1)$ (個) $=1$
2	$\varphi(2)$ (個) $=1$
3	$\varphi(3)$ (個) $=2$
4	$\varphi(4)$ (個) $=2$
6	$\varphi(6)$ (個) $=2$
12	$\varphi(12)$ (個) $=4$
合計	12(個)：これは確定している

ところが，
$$\sum_{d \mid p-1} \varphi(d) = p-1$$
だから，「もしもあれば」は，本当に1つでもないところがあると和が合わない。そこで，位数 d の数は確かに存在し，その個数は $\varphi(d)$ である。　　　　　　　　　◆

特に，位数 $p-1$ の整数を p の原始根というのだが，これは $(\bmod\ p)$ で $\varphi(p-1)$ 個存在する。

ベキ指数の公式

p.154 で，証明を後回しにしておいたことを定理として証明する。

T 9-8

n を正整数，$(a,n)=1$ とするとき，
$$b \equiv c \,(\bmod\ \mathrm{ord}_n(a)) \quad \Leftrightarrow \quad a^b \equiv a^c \,(\bmod\ n)$$
もしも，$n=p$（素数）ならば，
$$b \equiv c \,(\bmod\ p-1) \quad \Rightarrow \quad a^b \equiv a^c \,(\bmod\ p)$$

証明 $a^b \equiv a^c \,(\bmod\ n)$ から $a^{b-c} \equiv 1 \,(\bmod\ n)$

$a^r \equiv 1 \,(\bmod\ n)$ となる最小のベキ指数が $\mathrm{ord}_n(a)$ だから T9-4 によって，
$$\mathrm{ord}_n(a) \mid b-c$$
そこで，
$$b \equiv c \,(\bmod\ \mathrm{ord}_n(a))$$
逆も成り立つ。

また，
$b \equiv c \,(\bmod\ p-1)$ ならば $b-c \equiv 0 \,(\bmod\ p-1)$
$a^{b-c} \equiv 1 \,(\bmod\ p)$ で $a^b \equiv a^c \,(\bmod\ p)$ ◆

●**注意** 逆は成り立たない。
$$6^3 \equiv 6^5 \,(\bmod\ 7) \quad \text{だが，} \quad 3 \not\equiv 5 \,(\bmod\ 6)$$

9-4 原始根と指数

原始根

p.243 の表

(mod 7) による $a : 1 \leq a \leq 6$ のベキ

a	1	2	3	4	5	6
a^2	1	4	2	2	4	1
a^3	1	1	6	1	6	6
a^4	1	2	4	4	2	1
a^5	1	4	5	2	3	6
a^6	1	1	1	1	1	1
a^7	1	2	3	4	5	6

をもう1度観察しよう。位数が $p-1=6$ の数は，$\varphi(6)=2$ 個あり，それは 3 と 5 である。これらの列が他と違う点は，1から6までの数が上の表にちょうど1回ずつ現れることである。

D 9-3

n を正整数とするとき，$(\mathrm{mod}\ n)$ での位数が $\varphi(n)$ である整数を n の**原始根**という。

これが存在すれば，$(\mathrm{mod}\ n)$ で $\varphi(\varphi(n))$ 個ある。

素数 p の原始根は存在し，$(\mathrm{mod}\ p)$ で $\varphi(p-1)$ 個ある。

p.231 の $(\mathrm{mod}\ 8)$ の表を見れば，位数が $\varphi(8)$ である a は存在しない。2の原始根は 1，3の原始根は 2，4の原

始根は3である。

ここでは証明しないけれども,法が,

$\quad$ 2, 4, p^k, $2p^k$ (pは奇素数で, kは自然数)

の場合,これらの場合だけ原始根が存在する。また,pの原始根からp^kの原始根を,p^kの原始根から$2p^k$の原始根を計算する方法も知られている [To], [Bи]。

いくつかの素数について,原始根を示す。

$p:3\leqq p\leqq 37$ の原始根の表

p	原始根	個数
3	2	$\varphi(2)=1$
5	2, 3	$\varphi(4)=2$
7	3, 5	$\varphi(6)=2$
11	2, 6, 7, 8	$\varphi(10)=4$
13	2, 6, 7, 11	$\varphi(12)=4$
17	3, 5, 6, 7, 10, 11, 12, 14	$\varphi(16)=8$
19	2, 3, 10, 13, 14, 15	$\varphi(18)=6$
23	5, 7, 10, 11, 14, 15, 17, 19, 20, 21	$\varphi(22)=10$
29	2, 3, 8, 10, 11, 14, 15, 18, 19, 21	$\varphi(28)=12$
31	3, 11, 12, 13, 17, 21, 22, 24	$\varphi(30)=8$
37	2, 5, 13, 15, 17, 18, 19, 20, 22, 24	$\varphi(36)=12$

ある素数pに対する原始根全部が必要になる場合は少ない。多くの場合,いくつかの原始根を知れば十分なので,上の表を拡張することはしない。

p.230の (mod 7) の表で見たように,原始根のベキ乗を作っていくと,(mod p)で1から$p-1$までのすべての

数を通過する。例えば $p=11$ とすると,原始根は,$\varphi(10)=4$ 個あるが,その 1 つ $g=2$ を選び,g のベキ乗 $n\equiv g^f\pmod{11}$ を計算してみる。

f	1	2	3	4	5	6	7	8	9	10
$n\equiv g^f$	2	4	8	5	10	9	7	3	6	1

これを見ると, 1 から10までの f と 1 から10までの n とが 1 対 1 に対応していることがわかる。

f は mod $p-1$ で定まるので,

$f=p-1$ は $f=0$ とする。

対数を思い出そう。$0<a$, $a\neq 1$ として,
$$a^y=x \quad\Leftrightarrow\quad y=\log_a(x)$$
のように対応させて,y を x の**対数**と呼んだ。

D 9-4

奇素数 p の原始根を g, $(n, p)=1$ とするとき,
$$g^f\equiv n\pmod{p}$$
のような f は $0\leq f<p-1$ 範囲でただ 1 つ存在する。これを n の指数あるいは**離散対数**と呼び,
$$f=\mathrm{Ind}_g(n)$$
と書く。

n を真数あるいは**離散真数**と呼ぶ。

離散 (discrete) は連続 (continuous) に対する概念であって,離れ離れ,飛び飛びといった意味である。

さて，前ページの表を，使いやすいように n を主にして書くと，

$n \equiv g^f$	1	2	3	4	5	6	7	8	9	10
f	0	1	8	2	4	9	7	3	6	5

これは，ちょうど代数での対数表に相当するものである。

以下の研究に使うので，$p=3$, 5, 7, 11, 13, 17, 19 に対する指数表を載せておく。

$p: 3 \leqq p \leqq 19$ に対する指数表

p	3	5	7	11	13	17	19
g	2	2	3	2	2	3	2
1	0	0	0	0	0	0	0
2	1	1	2	1	1	14	1
3		3	1	8	4	1	13
4		2	4	2	2	12	2
5			5	4	9	5	16
6			3	9	5	15	14
7				7	11	11	6
8				3	3	10	3
9				6	8	2	8
10				5	10	3	17
11					7	7	12
12					6	13	15
13						4	5
14						9	7
15						6	11
16						8	4
17							10
18							9

指数の性質

対数の一番基本的な性質は，
$$\log_c(ab) = \log_c a + \log_c b$$
であった。

離散対数ではどうか。$(\bmod\ 11)$ とし，対数計算の真似をして次のように計算してみた。前ページの指数表を参照せよ。

$\mathrm{Ind}_2(5\times 6) = \mathrm{Ind}_2(30) = \mathrm{Ind}_2(8) = 3$

$\mathrm{Ind}_2(5) + \mathrm{Ind}_2(6) = 4 + 9 = 13 \equiv 2 \pmod{11}$

なので，

$\mathrm{Ind}_2(5\times 6) \not\equiv \mathrm{Ind}_2(5) + \mathrm{Ind}_2(6) \pmod{11}$

おや，変だ！　どこがいけないのか。

ベキ指数は $(\bmod\ (p-1))$ で考えるのだから，$\equiv$ は $(\bmod\ 10)$ で，

$\mathrm{Ind}_2(5) + \mathrm{Ind}_2(6) = 4 + 9 = 13 \equiv 3 \pmod{10}$

とすれば正しい。

以上の前置きをして，公式を調べる。証明の筋道は対数の場合とよく似ている。原始根 g の添え字は省略したところもある。

T 9-9

$a \equiv b \pmod{p} \iff \mathrm{Ind}(a) \equiv \mathrm{Ind}(b) \pmod{p-1}$

証明 $\text{Ind}(a)=x$, $\text{Ind}(b)=y$ と置く。$x \geq y$ としてよい。定義から,
$$g^x \equiv a,\ g^y \equiv b \pmod{p}$$
もしも, $a \equiv b \pmod{p}$ ならば,
$$g^x \equiv g^y \ \Rightarrow\ g^{x-y} \equiv 1 \pmod{p}$$
g の位数は $p-1$ なのだから, $x-y$ は $p-1$ で割り切れる。
$$p-1 \mid x-y$$
そこで, $x \equiv y \pmod{p-1}$ で,
$$\text{Ind}(a) \equiv \text{Ind}(b) \pmod{p-1}$$
上の証明は逆も成り立つ。 ◆

T 9-10

p を奇素数, g を原始根とする。
(1) $\text{Ind}_g(ab) \equiv \text{Ind}_g(a) + \text{Ind}_g(b) \pmod{p-1}$
(2) $\text{Ind}_g(a^n) \equiv n\text{Ind}_g(a) \pmod{p-1}$
(3) $\text{Ind}_a(b)\text{Ind}_b(c) \equiv \text{Ind}_a(c) \pmod{p-1}$,
ここで, a と b は原始根。

証明 (1) $\text{Ind}_g(a)=x$, $\text{Ind}_g(b)=y$, $\text{Ind}(ab)=z$ と置くと,
$$g^x \equiv a,\ g^y \equiv b \pmod{p}$$
この 2 つの式を辺々掛けると,
$$g^{x+y} \equiv ab \pmod{p}$$
そこで, 定義によって,
$$\text{Ind}_g(ab) \equiv x+y \equiv \text{Ind}_g(a) + \text{Ind}_g(b) \pmod{p-1}$$

第9章 ●フェルマーの小定理・原始根

（2），（3）の証明は章末の問題とする。　◆

例 （3）で$p=13$とする。2と7は原始根で、
$$2^{11} \equiv 7 \pmod{13} \quad だから \quad \mathrm{Ind}_2(7) = 11$$
$$7^2 \equiv 10 \pmod{13} \quad だから \quad \mathrm{Ind}_7(10) = 2$$
$$2^{10} \equiv 10 \pmod{13} \quad だから \quad \mathrm{Ind}_2(10) = 10$$

そこで、
$$\mathrm{Ind}_2(7)\,\mathrm{Ind}_7(10) = 11 \cdot 2 = 22 \equiv 10$$
$$= \mathrm{Ind}_2(10) \pmod{12}$$

T 9-11

p が奇素数のとき、
$$\mathrm{Ind}(-1) = \frac{p-1}{2}$$

証明 つねに、
$$g^{p-1} \equiv 1 \pmod{p}$$
$\dfrac{p-1}{2} = q$ と置けば、
$$(g^q)^2 - 1 \equiv 0 \pmod{p}$$
$$(g^q + 1)(g^q - 1) \equiv 0 \pmod{p}$$
p は素数だから、
$$g^q + 1 \equiv 0 \quad あるいは \quad g^q - 1 \equiv 0 \pmod{p}$$
g は原始根だから、$p-1$ より小さい q 乗では $\equiv 1$ とはならない。そこで、
$$g^q + 1 \equiv 0 \pmod{p} \qquad g^q \equiv -1 \pmod{p}$$
$$\mathrm{Ind}(-1) = q = \frac{p-1}{2} \qquad\qquad ◆$$

9-5 指数の応用

すでに p.155 で証明なしに使ってしまったが、指数表を使うと合同方程式を解くことができる。

例1. $$7x \equiv 8 \pmod{11}$$
両辺の Ind( ) をとる。添え字は省略。
$$\mathrm{Ind}(7) + \mathrm{Ind}(x) \equiv \mathrm{Ind}(8) \pmod{10}$$
指数表から、
$$7 + \mathrm{Ind}(x) \equiv 3 \pmod{10}$$
$$\mathrm{Ind}(x) \equiv -4 \equiv 6 \pmod{10}$$
また、指数表から、
$$x \equiv 9 \pmod{11}$$
チェック: $7 \times 9 = 63 \equiv 8 \pmod{11}$

例2. $$7^x \equiv 4 \pmod{13}$$
両辺の Ind( ) をとる。添え字は省略。
$$x \mathrm{Ind}(7) \equiv \mathrm{Ind}(4) \pmod{12}$$
$$11x \equiv 2 \pmod{12}$$
$$-x \equiv 2 \pmod{12}$$
$$x \equiv -2 \equiv 10 \pmod{12}$$
チェック:
$$7^{10} = (7^2)^5$$
$$\equiv (-3)^5 \equiv -243 \equiv 4 \pmod{13}$$
であるから、
$$7^{10+12k} = 7^{10} 7^{12k}$$
$$\equiv 4 \cdot (7^{12})^k$$
$$\equiv 4 \cdot 1^k \equiv 4 \pmod{13}$$

9-6 再び循環小数

p.59 で,分数を小数に直すと循環小数になることを知った。分母が素数 $p(\neq 2, 5)$ の分数 $\dfrac{1}{p}$ を小数に展開すると,純循環小数になり,いつも小数点下 1 桁目が循環節のはじまりである。

$$\frac{1}{17}=0.\overline{05882\ 35294\ 11764\ 7}\ (循環節の長さ16)$$

のように,ちょうど $(p-1)$ 桁で循環する場合もあるが,

$$\frac{1}{31}=0.\overline{03225\ 80645\ 16129}\ (循環節の長さ15)$$

のように $(p-1)$ 桁未満で循環することもある。

$$\frac{1}{41}=0.\overline{02439}\ (循環節の長さ 5 桁)$$

などたった 5 桁だ。循環節の長さがどのようにして決まるか。これが p.61 での宿題であった。

いま,例えば $\dfrac{1}{41}$ の循環節の長さが k であったとする。

$$\frac{1}{41}=\ \ \ \ \ \ \ \ 0.\overline{a_1 a_2 \cdots\cdots a_k} \tag{1}$$

両辺に 10^k を掛ける。

$$\frac{10^k}{41}=a_1 a_2 \cdots\cdots a_k.\overline{a_1 a_2 \cdots\cdots a_k} \tag{2}$$

(2) から (1) を引くと,小数点以下の循環部分が消えて,

$$\frac{10^k-1}{41}=a_1 a_2 \cdots\cdots a_k$$

右辺は整数だから,10^k-1 は41で割り切れる。

$$10^k \equiv 1 \pmod{41}$$

k より小さい値ではこうはならないから, p.243のD9-2によって, k は法41に関する10の位数であり, これは $41-1=40$ の約数である。

以上の議論は一般の素数 p についても全く同様である。

> **T 9-12**
> $n\ (>1)$ が10と互いに素のとき, $\dfrac{1}{n}$ の循環節の長さは, n に関する10の位数である。これは $\varphi(n)$ の約数である。

ここでは証明しないが, 奇素数 ($\neq 5$, <1000) のベキ p^n の逆数 ($\dfrac{1}{p^n}$) の循環節の長さ d_n は, 次の通り。

(1) $p=3, 487$ のとき。
$$d_1=d_2=\mathrm{ord}_p(10),\quad d_n=d_1\cdot p^{n-2},\ (n\geq 3)$$

(2) $p\neq 3, 487$ のとき。
$$d_1=\mathrm{ord}_p(10),\quad d_n=d_1\cdot p^{n-1},\ (n\geq 2)$$

素数 $p(\neq 2, 5):2\leq p\leq 97$ に関する10の位数

p	ord(10)	p	ord(10)	p	ord(10)
2	×	29	28	67	33
3	1	31	15	71	35
5	×	37	3	73	8
7	6	41	5	79	13
11	2	43	21	83	41
13	6	47	46	89	44
17	16	53	13	97	96
19	18	59	58		
23	22	61	60		

9-7 再びフェルマー数とメルセンヌ数

フェルマー数の素因数

F_5 以降のフェルマー数はすべて合成数であろうという予想については p.226 で述べた。そこで，その素因数分解が問題になる。素因数そのものではないが，素因数の候補を求める定理がある。

T 9-13

フェルマー数 $F_n = 2^{2^n} + 1$ に F_n 以外の素因数があれば，
$$p = 2^{n+1}h + 1, \quad h \text{ は整数}$$
の型である。

証明 F_n の素因数の1つを p とする。

$p \mid 2^{2^n} + 1$ だから，$\quad 2^{2^n} \equiv -1 \pmod{p} \quad$ (1)

2乗して，

$$2^{2^{n+1}} \equiv 1 \pmod{p}$$

T9-5 によって，

$$\mathrm{ord}(2) \mid 2^{n+1}$$

であるから，

$$\mathrm{ord}(2) = 2^k \quad (0 \leq k \leq n+1)$$

の形である。

$k = n+1$ であることを示す。$k < n+1$ であるとすると，

$$2^{2^n} \equiv 1 \pmod{p} \quad (2)$$

(1)，(2) から，

$$-1 \equiv 1 \pmod{p} \quad 2 \equiv 0 \pmod{p}$$

これは $p \neq 2$ という仮定に反する。そこで,
$$\mathrm{ord}(2) = 2^{n+1}$$
そこでT9-5によって,
$$2^{n+1} \mid p-1 \qquad p = 2^{n+1}h + 1, \quad h\text{は正整数}$$
の形である。 ◆

これが素因数の候補である。F_5 では,
$$p = 2^6 h + 1 = 64h + 1$$
であるから, この形の素数
$$p = 193, \ 257, \ 449, \ 577, \ 641, \cdots\cdots$$
で次々とためしてみればよい。オイラーは641が素因数であることを発見して,
$$4294967297 = 641 \cdot 6700417$$
と分解した。

多桁計算ができる状況にある方は, $F_6 = 2^{64} + 1$ の素因数を調べてみるとよい。

メルセンヌ数の素因数

T 9-14

メルセンヌ数 $M_n = 2^n - 1$ (n は奇素数) に素因数があれば, それは, $p = 2nk + 1$, k は整数, の型である。

証明 M_n の1つの素因数を p とする。
$$2^n \equiv 1 \pmod{p}$$
他方, 2の位数を d とすれば,

第9章●フェルマーの小定理・原始根

$$2^d \equiv 1 \pmod{p}$$
$$d \mid n$$

n は素数だから、$d=1$ あるいは $d=n$。もちろん $d \neq 1$ だから、$d=n$ である。フェルマーの小定理によって、

$$n \mid p-1 \qquad (1)$$

p は奇数だから、

$$2 \mid p-1 \qquad (2)$$

$(2,n)=1$ だから、(1)と(2)から、

$$2n \mid p-1 \qquad p=2nk+1, \quad k \text{ は整数} \qquad \blacklozenge$$

例 $M_{13}=2^{13}-1=8191$ を調べてみよう。素因数の候補は $26k+1$ で、$\sqrt{8191}=90.5\cdots$ より小さいものは、53, 79 であるから、これだけ調べれば、もしもあれば M_{13} の素因数が見つかる。実行してみよ。

9-8 整数論と暗号

これまで孤高の数学であった整数論が、暗号への応用で表舞台に出てきたので、最近の初等整数論の本では暗号に触れるのを常とする。この本もこの風潮に倣う。

暗号の歴史や公開鍵の意義などを説くのはこの小著の手に余るから、もっぱら数学面に限ろう。

これまでの研究でわかったように、初等整数論の中で実際計算の面で困難なのは、

　　素因数分解　　と　　離散対数

である。それぞれに応じた暗号を簡単に見ていこう。

コード化

　日本語文あるいは英語文のままではどうにもならないから，先ずこれをコード化する。普通は10進法の数字の列である。以下では次の変換表を使う。

文字 ⇒ コード				コード ⇒ 文字			
a	37	o	15	10	i	25	j
b	26	p	36	11	f	26	b
c	21	q	32	12	m	27	.
d	38	r	13	13	r	28	t
e	23	s	33	14	k	29	空
f	11	t	28	15	o	30	x
g	22	u	24	16	z	31	h
h	31	v	19	17	w	32	q
i	10	w	17	18	,	33	s
j	25	x	30	19	v	34	n
k	14	y	35	20	l	35	y
l	20	z	16	21	c	36	p
m	12	.	27	22	g	37	a
n	34	,	18	23	e	38	d
		空	29	24	u		

　また送ろうとする原文は（機密性を高めるために，スペースを詰めた）

　　　weboughtasupercomputer.

とする。これを上の表でコード化すると，

1723261524223128373324362313211512362428231327

これを2桁ずつ区切って暗号化しよう。

エルガマル暗号

p.253で示した,
$$a^b \equiv c \pmod{p}$$
で, b を c の離散対数と呼んだ。a と b から c を求めるのは容易であるが, a と c から b を求めるのは難しい。この困難さを利用した公開鍵暗号である。

◎ A の準備

1. 大きな素数 p を選ぶ。　　　　　　　　$p=89$
   (今の場合, 100に近い素数がよい)
   以後の計算はすべて $\equiv \pmod{p}$ で行う。
2. p の原始根は $\varphi(p-1)$ 個あるが, 任意の1つ g を選び, 固定する。　　$g=3$
3. 任意の正整数 $a<p$ を選ぶ。　　　　　$a=7$
4. $y \equiv g^a$
   を計算する。　　　　　　　　　　　$y \equiv 3^7 \equiv 51$
5. ここまでで,
   　　　公開 $\{p, g, y\}$　　　　秘密 $\{a\}$

◎ 発信者 B の暗号作成

1. コードの列を
   $$x_1, x_2, \ldots, x_t, (x_i < p)$$
   とし, 最初のコードを x とする。　$x=17$

2．正整数 k をランダムに選ぶ。　　　　　$k=5$

3．$\alpha \equiv g^k$ を計算する。　　　　　　　　$\alpha \equiv 3^5 \equiv 65$

4．　　　　$z \equiv y^k$　　　　　　　　　　　$z \equiv 51^5 \equiv 19$

　　　　　$\beta \equiv xz$　　　　　　　　　　　$\beta \equiv 17 \cdot 19 \equiv 56$

　を計算し，x に対する $\{\alpha, \beta\}$ を得る。$\gamma = \{65, 56\}$

5．これを最後まで続けると，暗号文は，
65568133038065181439098417466587270465046406275209155145142327810962275264068175173709821786

●**注意**　k はランダムに選んだので，読者の結果はこれとは一致しないであろう。

◎受信者Aは暗号を解く

1．γ から x を計算するには y^k が必要である。Aは k の値を知らないが，秘密鍵 a を使えば，
$$z \equiv y^k \equiv (g^a)^k \equiv (g^k)^a \equiv \alpha^a$$
で計算できる。　　　　　　　　　　　　$z \equiv 65^7 \equiv 19$

2．　　　　$x \equiv \dfrac{\beta}{z}$

　だから，$(\bmod\ p)$ で z の逆数を計算する。

　　　$zq \equiv 1$　　$q \equiv \dfrac{1}{z}$　　　　　　$19 \cdot 75 \equiv 1$。
　　　　　　　　　　　　　　　　　　　　$q \equiv 75$

3．そこで，
　　　$x \equiv \dfrac{\beta}{z} \equiv \beta q \equiv u\,(u<p)$　　　　$x \equiv 56 \cdot 75 \equiv 17$

4．$x<p$ であるから，元に戻った。

　　　　　　　　　　　　　　　　　　　　$x = 17$

第9章●フェルマーの小定理・原始根

●**練習** 前ページの暗号文の6556の次の8133も元に戻ることを確かめよ。

RSA 式暗号

大きな整数の素因数分解が非常に難しいということと，$a^b \equiv c \pmod{n}$ で，b と c から a を求めることが難しいことを利用した公開鍵暗号である。RSA は考案者 Rivest, Shamir, Adleman の頭文字である。詳細は [Co] を見よ。

◎ A の準備

1. 大きくてなるべく近い 2 つの素数
    p, q を生成する。p, q は秘密。 $p=7$, $q=13$
    積 $n=pq$ を計算する。
    これは通常は公開する。 $n=7\cdot13=91$

2. オイラーの関数の値
    $$f=(p-1)(q-1)$$ $f=6\cdot12=72$
    を計算する。

3. $(f, c)=1$ である正整数 c を選んで
    公開する。 $(72,5)=1$, $c=5$

4. $c\cdot d \equiv 1 \pmod{f}$
    のような d を求める。 $5\cdot29\equiv1$, $d=29$

5. 公開 $\{n, c\}$ 秘密 $\{p, q, f, d\}$

◎発信者 B の暗号作成

1. $x^c \equiv y \pmod{n}$, $y<n$
    によって，x を y に変換する。 $y\equiv17^5\equiv75\pmod{91}$
                        $y=75$

2. これを最後のコードまで続けて，

$y_1, y_2, \cdots\cdots, y_t$

を送る。

3. 暗号文は，

7504527133290584462433430413217138433384041327

となる。

◎**受信者Aは暗号を解く**

1. 各 y を，

   $y^d \pmod{n}$ 　　　　　　　　$75^{29} \equiv 17 \pmod{91}$

   で変換すれば，元の x に戻る。　　$x = 17$

2. 理由

   $cd \equiv 1 \pmod{f}$ だから，

   $$cd = 1 + kf$$

   のような整数 k が存在する。そこで，

   $y^d \equiv (x^c)^d \equiv x^{cd} \equiv x^{1+kf}$
   $\equiv x x^{kf} \equiv x(x^f)^k \pmod{n}$

   $f = \varphi(n)$ だから，オイラーの定理によって，$x^f \equiv 1 \pmod{n}$ で，

   $$y^d \equiv x \pmod{n}$$

   $x < n$ であるから，元に戻った。

●**注意** $(x, n) > 1$ の場合は，オイラーの条件は満たされないが，結論は成り立つことが証明できる。

●**練習** 暗号文の75の次の04も元に戻ることを確かめよ。

この暗号の項については，東京工業大学名誉教授・辻井重男氏のご教示をいただいた。記して謝意を表す。

練習問題 9

Q1 $p=17$ として $a=1$ から 16 までの整数について，$a^{16} \equiv 1 \pmod{17}$ になることを確かめよ。

Q2 (1) $a = 1^2 + 2^2 + \cdots\cdots + 99^2$ は 3 で割り切れることを示せ。

(2) $b = 1^6 + 2^6 + \cdots\cdots + 99^6$ を 7 で割るといくつ余るか。

Q3 p が 2 でも 5 でも割り切れないとき，$\dfrac{1}{p}$ の循環節の長さが $p-1$ ならば，p は素数であることを証明せよ。

Q4 p と q は 2 でも 5 で割り切れず，かつ互いに素な正整数とする。$\dfrac{1}{p}$, $\dfrac{1}{q}$ の循環節の長さが a, b であるとき，$\dfrac{1}{pq}$ の循環節の長さは a, b の最小公倍数であることを示せ。

Q5 a, b $(a \neq b)$ がともに素数のとき，
$$x = a^{b-1} + b^{a-1} \equiv 1 \pmod{ab}$$
を証明せよ。

Q6 p を奇素数，$\dfrac{p-1}{2} = q$ とする。
$$(q!)^2 \equiv (-1)^{q+1} \pmod{p}$$
を示せ。

Q7 素数 $p>5$ のとき,1を $(p-1)$ 個並べた整数は p で割り切れることを示せ.

Q8 p は素数で $a^p \equiv b^p \pmod{p}$ ならば,
$a^p \equiv b^p \pmod{p^2}$ であることを証明せよ.

Q9 除算アルゴリズムを利用して,T9-5 すなわち,
$$t = \mathrm{ord}_p(a) \mid p-1$$
を証明せよ.

Q10 素数 $p\ (\neq 3)$ のすべての原始根の積は $\equiv 1 \pmod{p}$ であることを証明せよ.

Q11 T9-10(2), (3) すなわち,
$$\mathrm{Ind}(a^n) \equiv n\mathrm{Ind}(a) \pmod{p-1}$$
$$\mathrm{Ind}_a(b)\mathrm{Ind}_b(c) \equiv \mathrm{Ind}_a(c) \pmod{p-1}$$
を証明せよ.

Q12 指数を利用して,次の x を求めよ.
(1) $x \equiv 3^{100} \pmod{13}$ (2) $5x \equiv 6 \pmod{13}$
(3) $3^x \equiv 7 \pmod{11}$ (4) $x^{23} \equiv 9 \pmod{11}$

Q13 M_{11}, M_{13} の素因数を調べよ.

宿題

1. 次の RSA 式暗号を解読せよ。

   $n=95$, $c=7$ である。

   15115570543118198257827115813182678257423
   1152288822221878822082424282678882812082
   18228208

2. 次のエルガマル暗号を解読せよ。

   $p=97$, $g=5$, $y=27$ である。

   0588431705792112305525800839218828092112
   0661304640173083281125072864060343400823
   2587084543752848285706922811258040623006
   2112013323800621067043580573301140610508
   087730062034

解答

練習問題 1

1．（1） $2^{n-1} > 2(n-1)$ を仮定する。$2^n = 2^{n-1} \cdot 2 > 2 \cdot 2(n-1) > 2n$　（2） $2! \cdot 4! \cdots (2(n-1)!) \cdot (2n)! > (n!)^2 (2n)! > (n!)^2 (n+1)^2 = ((n+1)!)^2$。

2．$(-1) \div (-1) = (-1)$ になったとすると，$(-1) \times (-1) = (-1)$。これは不合理。

3．除算アルゴリズムから，$bq \leq a < bq + b$。各項は整数だから，$bq \leq a \leq bq + b - 1$。これから，$q \leq \dfrac{a}{b} \leq q + 1 - \dfrac{1}{b}$。

4．（1） $n = (11000000111001)_2$　（2） 下位から2桁ごとに区切って，それぞれを10進法で表すと $(3000321)_4$
下位から3桁ごとに区切り $n = (30071)_8$
下位から4桁ごとに区切り $n = (3039)_{16}$

5．それぞれの桁数を a, b とすれば，本文（p.40）と同様の計算で，$a/b = 0.83$。

6．$n = (1 \cdots\cdots 11)_2$（1が n 個）$= 2^n - 1$ だから，n が合成数ならば p.213のように素因数分解できる。

7．$(10a + 5)^2 = 100a(a+1) + 5^2$。

8．$37 = (1101)_3 = (1, 1, 0, 1)$, $65 = (2102)_3 = (1, -1, 1, 1, -1)$, $101 = (10202)_3 = (1, 1, -1, 1, -1)$。

9．すべての整数は $7m$, $7m \pm 1$, $7m \pm 2$, $7m \pm 3$ の型のどれかだから，平方すれば $7k$, $7k+1$, $7k+2$, $7k+4$ の型しか現れぬ。すべての整数は $9m$, $9m \pm 1$, $9m \pm 2$, $9m \pm 3$, $9m \pm 4$ の型のどれかでもあるから立方すれば，$9k$, $9k \pm 1$ の型しか現れぬ。

練習問題　2

1. $\dfrac{25}{39}=0.\dot{6}410\dot{2}$ $\dot{5}$。 L=6。

　$\dfrac{5}{19}=0.\dot{2}6315\ 78947\ 36842\ 10\dot{5}$。 L=18。

　$\dfrac{31}{65}=0.4\dot{7}692\ 3\dot{0}$。 L=6。

　$\dfrac{1}{23}=0.\dot{0}4347\ 82608\ 69565\ 21739\ 1\dot{2}$。 L=22。

　$\dfrac{10}{79}=0.\dot{1}2658\ 22784\ 81\dot{0}$。 L=13。

2. $b=ak$, $a=bl$ (k, l は整数)だから $b=b(kl)$, $kl=1$。 $k=\pm l$, $l=\pm 1$。

3. $n^2+1=(n+1)(n-1)+2$。 2 が $n+1$ で割り切れるから $n=1$。

4. $x-3\mid x^3-3=(x-3)^3+9(x-3)^2+27(x-3)+24$ から，$x-3\mid 24$。 $x-3=\pm1,\pm2,\pm3,\pm4,\pm6,\pm8,\pm12,\pm24$。

5. （1） $\dfrac{2}{27}=\dfrac{1}{18}+\dfrac{1}{54}$。 $\dfrac{2}{19}=\dfrac{1}{12}+\dfrac{1}{76}+\dfrac{1}{114}$。 （表し方は1通りではない）（2） $1+\dfrac{1}{2}+\dfrac{1}{16}, 1+\dfrac{1}{4}+\dfrac{1}{8}+\dfrac{1}{16}$, $1+\dfrac{1}{4}+\dfrac{1}{16},\cdots\cdots,\dfrac{1}{2}+\dfrac{1}{16},\dfrac{1}{4}+\dfrac{1}{8}+\dfrac{1}{16}$。

6. 51ページ参照。

7. （1） $\dfrac{749}{495}$　　（2） $\dfrac{35137}{4995}$

8. $a=3.1416$ として，a を挟み分母が7以下の分数との差を調べればよい。

9. （1） $a=1+\dfrac{1}{2}+\dfrac{1}{3}+\cdots\cdots+\dfrac{1}{n}$。すべての分母を $2^k\cdot$(奇数)の形に書き，現れるすべての奇数の積を t，現れる2のベキ指数の最高値を s とする。2^s を含む項は1つしかない。なぜか。$2^{s-1}\cdot t$ を両辺に掛ければ $a\cdot 2^{s-1}\cdot t=$(整数)$+\dfrac{1}{2}$。 a が整数ならば，左辺は整数で右辺は整数でない。難しいと思った

ら，数値例で計算してみよ。

（2） 前の証明で，2の代わりに3を，（奇数）の代わりに（3以外の奇数）とすればよい。

練習問題 3

1．22個
2．$\left[\dfrac{500}{5}\right]+\left[\dfrac{500}{25}\right]+\left[\dfrac{500}{125}\right]=124$個。
3．t で約分できたとすると，$t\mid a+b, t\mid c+d$。
   $ad-bc=(a+b)d-b(c+d)=1$。そこで $t\mid 1$。
4．（1） $(a+b,a-b)=d$。$d\mid a+b, d\mid a-b$ から $d\mid 2a$，$d\mid 2b$。そこで，d は $2a$ と $2b$ の公約数だから，$d\mid(2a,2b)$ $\Rightarrow d\mid 2(a,b)\Rightarrow d\mid 2\Rightarrow d\leqq 2$。（2） $(a+b,a-b,ab)=d$。$d\mid ab$ で，$(a,b)=1$ だから，$d\mid a$ あるいは $d\mid b$。$d\mid a+b$ だから，$d\mid a$ ならば $d\mid b, d\mid b$ ならば da。$(a,b)=1$，$d\mid(a,b)=1$ で，$d=1$。
5．（1） 26　　（2） 1　　（3） 15　　（4） 3
6．2
7．$(a,b,c)=((a,b),c)=(1,c)=1$（$a, b$ が互いに素のとき，他の場合も同様）
8．$\{a,b,c\}=\{\{a,b\},c\}=\{ab,c\}=abc$
9．（1） 11, 2431　　（2） 33, 3927　　（3） 98, 45276
   （4） 330, 15572700
10．（1） a と b について対称だから，$a\geqq b$ としても一般性を失わない。（1） $a+c\geqq b+c$。左辺$=\max(a+c,b+c)$ $=a+c$。右辺$=a+c$。（2）（3），（4）も同様。
11．例1．$3=3\cdot 78-7\cdot 33$。　例2．$20=(-6)440+7\cdot 380$。
   例3．$9=(-1217430)12345678+171469\cdot 87654321$。
   例4．$1=89\cdot 377-144\cdot 233$。
12．$(a,b)=1$ でなければ成り立たない。反例。$a=6$, $b=3$, $c=$

4。他の定理については略。

13. $a = 18a'$, $b = 18b'$, $(a',b') = 1$, $a'b' = \dfrac{ab}{18^2} = \dfrac{720}{18} = 40 = 5\cdot 8$ であるから，$(a,b) = (18,720)$, $(90,144)$。

14. $a = 6937a_1$, $b = 6937b_1$, $(a_1,b_1) = 1$ と置けば，$a_1 + b_1 = \dfrac{104055}{6937} = 15$。そこで $\{a_1,b_1\} = \{1,14\},\{2,13\},\{4,11\},\{7,8\}$。
$\{a,b\} = \{6937, 97118\}, \{13874, 90181\}, \{27748, 76307\}, \{48559, 55496\}$。

注意：ここでは，$\{\ ,\ \}$ は集合を示す。最小公倍数ではない。

15. 2つの既約分数を $\dfrac{a}{b}$, $\dfrac{c}{d}$ とする。$\dfrac{ad+bc}{bd}$ が整数だから，$b \mid bd \mid (ad+bc)$。$(b,a) = 1$ だから $b \mid d$。$\dfrac{ac}{bd}$ も整数だから，$b \mid c$。$(c,d) = 1$ だから，$b = 1$。同様に $d = 1$。

練習問題　4

1．35個

2．5以外の5型の素数が $p_1, p_2, \ldots, p_k$ の有限個しかないとし，$N = 6p_1p_2\cdots p_k + 5$ を考える。これは5型である。1型の積は1型だから，N の素因数がすべて1型だとすると不合理。そこで，5型の素因数がある。

3．(1) $2^6 \cdot 3 \cdot 643$ 　　(2) $3 \cdot 19 \cdot 953$

4．a, b, c に含まれる素数 p のベキ指数をそれぞれ u, v, w とする。$v \geq w$ としてベキ指数を比較すればよい。

5．$p \mid a^n$ だから，$p \mid a$ で $a = pqr\cdots$ とする。$a^n = p^n q^n r^n \cdots$ だから $p^n \mid a^n$。

6．$q = p + 2k$ と置くと，$p + q = 2(p+k)$。$p < p+k < q$。p, q は隣接素数だから，$p+k$ は合成数で，2つ以上の素数の積。そこで，$p+q$ は3つ以上の素数の積（1個はいつも2）。

7．n が素数でなくて，3つ以上の素数の積であったとする。$n = pqr\cdots$。どの因数も $> \sqrt[3]{n}$ だから，$n > n$ で矛盾。

練習問題 5

1．（1） ○，○　（2） ○，○　（3） ○，×
2．反射律：$n \mid 0 = a-a$ だから，$a \equiv a \pmod{n}$。対称律：$a \equiv b \pmod{n}$ だから，$n \mid a-b$。$n \mid -(a-b) = b-a$ で，$b \equiv a \pmod{n}$。
3．$a = 2^{2n+1} + 1 = 2 \cdot 4^n + 1 \equiv 2 \cdot 1^n + 1 \equiv 0 \pmod{3}$。
4．$9^{n+1} - 8n - 9 \equiv (1+8)^{n+1} - 8n - 9 \equiv 1 + 8(n+1) + 8^2 A - 8n - 9 \equiv 64A \equiv 0 \pmod{64}$。
5．9去法を使う。$x = 2$。
6．（9去法で）左辺 → 45×45 → 9×9 → 81 → 9　右辺 → 54 → 9。この計算は正しいと思われる。しかし，（11去法）左辺 → 5×5 → 25 → 3　右辺 → $24 - 30$ → -6 → 5。そこで，この計算は誤り。
7．mod 100 で $3^{20} \equiv 1$。そこで $1234 = 61 \times 20 + 14$ だから，$a \equiv 3^{14} \equiv 69$。
8．素因数の1つを $p = 2t+1$ とする。$n^2 \equiv -1 \pmod{p}$。$p \mid n^2 + 1$ だから $p \nmid n$。$n^{p-1} \equiv n^{2t} \equiv (-1)^t \equiv 1 \pmod{p}$。そこで t は偶数で，$p = 4k+1$。
9．（1） $17 \pmod{29}$　（2） $92 \pmod{97}$
10．$a \equiv b \pmod{p}$ だから，$b = a + kp$，$b^p = (a+kp)^p = a^p + p^2 A \equiv a^p \pmod{p^2}$。
11．$x^2 \equiv 2 \pmod{3}$。これを満足する x はない。

練習問題 6

1．（1） $x \equiv 3 \pmod{7}$　（2） $x \equiv 15 \pmod{47}$　（3） $(9,12) = 3 \nmid 11$ だから，解はない。（4） $x \equiv 81 \pmod{337}$　（5） $x \equiv 200, 751, 1302, 1853, 2404 \pmod{2755}$。
2．（1） $x = -1 - 4t$，$y = -8 - 3t$　（2） $x = 9 + 11t$，$y = -9t$　（3） $x = 12 + 17t$，$y = -5 - 12t$　（4） $x = 4 + 47t$，$y = 85 - 39t$

3. $y=(c-ax)>0$ から $0<x<c/a$。そこで,x がとり得る値は $1,2,\cdots\cdots,\left[\dfrac{c}{a}\right]$ の $\left[\dfrac{c}{a}\right]$ 個。$ax\equiv c\pmod{b}$ だから,$x=x_0+bt$ で x は b 毎にあり,個数は $\left[\dfrac{\left[\dfrac{c}{a}\right]}{b}\right]=\left[\dfrac{c}{ab}\right]$ あるいは $\left[\dfrac{\left[\dfrac{c}{a}\right]}{b}\right]+1=\left[\dfrac{c}{ab}\right]+1$。

4. $32x+57y-68z=1$,$4u+57y=1$,$u=8x-17z$。これを解いて,$y=1-4k$。$u=-14+57k$。そこで,$8x-17z=-14+57k$。これを解いて,$x=28-114k+17t$,$y=1-4k$,$z=14-57k+8t$。

5. (1) $x\equiv 2$,$y\equiv 7\pmod{13}$ (2) $x\equiv 5$,$y\equiv 2$,$z\equiv 3\pmod{11}$

6. $17x+21y=283$,$x>0$,$y>0$ を解いて,$x=8$,$y=7$

7. $x\equiv 3\pmod{5}$,$x\equiv 4\pmod{7}$,$x\equiv 5\pmod{9}$ を解いて,$x\equiv 158\pmod{315}$。

8. $x\equiv 286a+650b+495c\pmod{715}$

9. 栗の個数を x とする。A,B,C,D,E が受け取った個数をそれぞれ y_1,y_2,y_3,y_4,y_5 とすると,$x-1=5y_1$,$4y_1-1=5y_2$,$4y_2-1=5y_3$,$4y_3-1=5y_4$,$4y_4-1=5y_5$。これらを解いて,$x\equiv -4\pmod{5^5}$。個数の最小値は,$x=3121$。

10. $x=t$,$y=-57t+25$,$z=-25t+11$

11. $\dfrac{x}{6}+\dfrac{x}{12}+\dfrac{x}{7}+5+\dfrac{x}{2}+4=x$ から,$x=84$ 歳。

練習問題 7

1. (1) $[a]\leq a<[a]+1$ であるから,$[a]\pm m\leq a\pm m<[a]\pm m+1$。そこで,$[a\pm m]=[a]\pm m$ (複合同順)。

(2) $b=[b]+\beta$,$0\leq\beta<1$ と置くと,$ab=a[b]+a\beta=a[b]+[a\beta]+\rho$,$0\leq\rho<1$。$[ab]=a[b]+[a\beta]\geq a[b]$。

(3) $[a][b]\leq[[a]b]\leq[[ab]]=[ab]$。

2. (1) $[x]\leq x<[x]+1$,$[y]\leq y<[y]+1$ から,$[x]+[y]\leq x+y<[x]+[y]+2$。右辺は整数だから,

$[x]+[y] \leq [x+y] \leq [x]+[y]+1$。

(2) (イ) $[x] \leq x < [x]+\frac{1}{2}$ のとき。$[x]=[x+\frac{1}{2}]$。
$[x]+[x] \leq 2x < [x]+[x]+1$ に代入して，$[x]+[x+\frac{1}{2}]$
$\leq 2x < [x]+[x+\frac{1}{2}]+1$。そこで，$[2x]=[x]+[x+\frac{1}{2}]$。

(ロ) $[x]+\frac{1}{2} \leq x < [x]+1$ のとき。$[x]+1=[x+\frac{1}{2}]$。
$2[x]+1 \leq 2x < 2[x]+2$。$[x]+[x+\frac{1}{2}] \leq 2x < [x]+[x+\frac{1}{2}]+1$。そこで，$[2x]=[x]+[x+\frac{1}{2}]$。

(3) $[x] \leq x < [x]+\frac{1}{3}$, $[x]+\frac{1}{3} \leq x < [x]+\frac{2}{3}$, $[x]+\frac{2}{3} \leq x < [x]+1$ に分けて考えよ。

(4) (2)と(1)を利用せよ。

3. $\sigma_0(9)=3$, $\sigma_0(12)=6$, $\sigma_0(108)=12$。

4. $f(n)=f(1 \cdot n)=f(1)f(n)$。$f(n) \neq 0$ だから，$f(1)=1$。

5. 24, 30, 40, 42。

6. 54, 72, 217, 204

7. $n=p^{2a}$ とする。$\sigma_1(n)=\frac{p^{2a+1}-1}{p-1}$, $\sigma_2(n)=\frac{p^{2(2a+1)}-1}{p^2-1}$
だから $\sigma_1(n) \mid \sigma_2(n)$。あとは σ_1, σ_2 の乗法性による。

8. (1) n が奇数のとき。$\varphi(2n)=\varphi(2)\varphi(n)=\varphi(n)$。
(2) n が偶数のとき。$n=2^k t$, (t は奇数) と置く。
$\varphi(2n)=\varphi(2^{k+1})\varphi(t)=2^k \varphi(t)=2 \cdot 2^{k-1}\varphi(t)=2\varphi(2^k)\varphi(t)$
$=2\varphi(2^k t)=2\varphi(n)$。

9. (1) n には素因数 3 があるから，$n=3^k t$ と置く。代入して整頓すれば，$\varphi(t)=t$。$t=1$。$n=3^k$。
(2) 同様に考えて，$n=2^s 3^t$。
(3) このような n は存在しない。

10. $\sum_{d \mid n} \varphi(d) = \varphi(1)+\varphi(p)+\varphi(p^2)+\cdots\cdots+\varphi(p^a)$
$= 1+(p-1)+(p^2-p)+\cdots\cdots+(p^a-p^{a-1})$
$= p^a$

11. 1からnまでの整数のうちで，kを約数とするもの（kの倍数）は$\left[\dfrac{n}{k}\right]$だけある。1から$n$までのすべての整数$k$の約数をすべて加えれば$k$が$\left[\dfrac{n}{k}\right]$回数えられる。

12. $\sigma_1(a) - a = b$。$\sigma_1(a) = a + b$。$\sigma_1(b) - b = a$。$\sigma_1(b) = a + b$。$\sigma_1(a) = \sigma_1(b) = a + b$。逆も成り立つ。

13. $\sigma_1(n_1) - n_1 = n_2$。$\sigma_1(n_2) - n_2 = n_3$。$\sigma_1(n_3) - n_3 = n_4$。$\sigma_1(n_4) - n_4 = n_5$。$\sigma_1(n_5) - n_5 = n_1$

14. $P = 2ab(a^2 + b^2)(a^2 - b^2)$と置く。$a \equiv 0 \pmod{3}$あるいは$b \equiv 0$ならば$6 \mid P$。$a \equiv \pm 1$，$b \equiv \pm 1 \pmod{3}$ならば，$a^2 - b^2 \equiv 0 \pmod{3}$。そこで$6 \mid P$。同様に$5 \mid P$。したがって，$30 \mid P$。

練習問題　8

1. a_1からa_{12}までを書くと，4,14,194,4870,3953,5970,1857,36,1294,3470,128,0。そこで、M_{13}は素数。

2. $\log 2 = 0.30103$では桁数不足のように思えるが，0.301029957で誤差は0.00000005なので，0.30103でも問題なし。$\log(M) \fallingdotseq 3021377 \times 0.30103 = 909525.1\cdots\cdots$だから，約909526桁の数。

3. $n = 3^k$が完全数になったとする。$1 + 3 + 3^2 + \cdots\cdots + 3^{k-1} = (3^k - 1)/2 = n = 3^k$。これから，$3^k = -1$。これは不可能。

4. n，$n+1$，$n+2$の中にはつねに2の倍数と3の倍数が含まれている。nも$n+2$も素数だから，$n+1$が2でも3でも，したがって6で割り切れる。

練習問題　9

1. 253ページ参照。

2. （1）　$a \equiv 1 + \cdots\cdots + 1(3$の倍数を除く$) \equiv 99 - 33 \equiv 0 \pmod{3}$
　　（2）　$b \equiv 1 + \cdots\cdots + 1(7$の倍数を除く$) \equiv 99 - 14 \equiv 1 \pmod{7}$

3. $10^{\varphi(n)} \equiv 1 \pmod{n}$。$n$が合成数ならば$\varphi(n) < n - 1$。

$\varphi(n)=n-1$ ならば n は素数 p 。

4． $\{a,b\}=m$ とおくと，$10^a\equiv 1(\bmod\ p)$，$10^b\equiv 1(\bmod\ q)$ から，$10^m\equiv 1(\bmod\ pq)$。いま $10^t\equiv 1(\bmod\ pq)$ とすると，$10^t\equiv 1(\bmod\ p)$，$10^t\equiv 1(\bmod\ q)$ から $a\mid t, b\mid t$ となり，t は a,b の公倍数で，$m\leq t$。そこで，m は $\equiv 1(\bmod\ pq)$ とする最小であり，$\mathrm{ord}_{pq}(10)=m$。

5． $a^{b-1}\equiv 0(\bmod\ a)$，$b^{a-1}\equiv 1(\bmod\ a)$。だから $x\equiv 1(\bmod\ a)$。同様に $x\equiv 1(\bmod\ b)$。$(a,b)=1$ だから，$x\equiv 1(\bmod\ ab)$。

6． $p-1\equiv -1, p-2\equiv -2, \cdots\cdots, p-q\equiv -q$。そこで，$(p-1)!\equiv (-1)^q(q!)^2$。ウィルソンの定理から，$(q!)^2\equiv (-1)^{q+1}(\bmod\ p)$。

7． $a=11\cdots\cdots 1((p-1)\text{個})=\dfrac{10^{p-1}-1}{9}$，$p\mid$(分子)だから，$(p,9)=1$ なので $p\mid a$。

8．オイラーの定理から，$a\equiv b(\bmod\ p)$。$b=a+kp$。$b^p\equiv (a+kp)^p\equiv a^p+p^2a^{p-1}k+p^3A\equiv a^p(\bmod\ p^2)$。

9． $p-1$ を t で割って，$p-1=qt+r$，$0\leq r\leq t$。$a^{p-1}\equiv (a^t)^q a^r\equiv a^r\equiv 1$。そこで，$r=0$。$t\mid p-1$。

10．1つの原始根を g とすると，$g_1\equiv g^{a_1},\cdots\cdots, g_f\equiv g^{a_f}$，$f=\varphi(p-1)$，$(a_1,p-1)=1,\cdots\cdots,(a_f,p-1)=1$。そこで $g_1\cdots\cdots g_f\equiv g^u\equiv 1(\bmod\ p)$（ここで，$u=((a,p-1)=1$ のような a の和$)=(p-1)\varphi(p-1)/2)$。

11．（2） $\mathrm{Ind}(a^n)=x, \mathrm{Ind}(a)=y$ と置く。$a\equiv g^y$，$a^n\equiv g^{yn}$。$\mathrm{Ind}(a^n)\equiv n\mathrm{Ind}(a)(\bmod\ p-1)$。（3） $\mathrm{Ind}_a(b)=x, \mathrm{Ind}_b(c)=y$ と置く。$a^x\equiv b$，$b^y\equiv c$，$a^{xy}\equiv c(\bmod\ p)$。$\mathrm{Ind}_a(c)\equiv xy\equiv \mathrm{Ind}_a(b)\mathrm{Ind}_b(c)(\bmod\ p-1)$。

12．（1） $x\equiv 3(\bmod\ 13)$ （2） $x\equiv 9(\bmod\ 13)$ （3） 解なし （4） $x\equiv 4(\bmod\ 11)$

13． $M_{11}=2047=23\cdot 89$。$M_{13}=8191$（素数）。

素数表（2から10007まで）

	1	2	3	4	5	6	7	8	9	0
0	2	3	5	7	11	13	17	19	23	29
1	31	37	41	43	47	53	59	61	67	71
2	73	79	83	89	97	101	103	107	109	113
3	127	131	137	139	149	151	157	163	167	173
4	179	181	191	193	197	199	211	223	227	229
5	233	239	241	251	257	263	269	271	277	281
6	283	293	307	311	313	317	331	337	347	349
7	353	359	367	373	379	383	389	397	401	409
8	419	421	431	433	439	443	449	457	461	463
9	467	479	487	491	499	503	509	521	523	541
10	547	557	563	569	571	577	587	593	599	601
11	607	613	617	619	631	641	643	647	653	659
12	661	673	677	683	691	701	709	719	727	733
13	739	743	751	757	761	769	773	787	797	809
14	811	821	823	827	829	839	853	857	859	863
15	877	881	883	887	907	911	919	929	937	941
16	947	953	967	971	977	983	991	997	1009	1013
17	1019	1021	1031	1033	1039	1049	1051	1061	1063	1069
18	1087	1091	1093	1097	1103	1109	1117	1123	1129	1151
19	1153	1163	1171	1181	1187	1193	1201	1213	1217	1223
20	1229	1231	1237	1249	1259	1277	1279	1283	1289	1291
21	1297	1301	1303	1307	1319	1321	1327	1361	1367	1373
22	1381	1399	1409	1423	1427	1429	1433	1439	1447	1451
23	1453	1459	1471	1481	1483	1487	1489	1493	1499	1511
24	1523	1531	1543	1549	1553	1559	1567	1571	1579	1583
25	1597	1601	1607	1609	1613	1619	1621	1627	1637	1657
26	1663	1667	1669	1693	1697	1699	1709	1721	1723	1733
27	1741	1747	1753	1759	1777	1783	1787	1789	1801	1811
28	1823	1831	1847	1861	1867	1871	1873	1877	1879	1889
29	1901	1907	1913	1931	1933	1949	1951	1973	1979	1987
30	1993	1997	1999	2003	2011	2017	2027	2029	2039	2053
31	2063	2069	2081	2083	2087	2089	2099	2111	2113	2129
32	2131	2137	2141	2143	2153	2161	2179	2203	2207	2213
33	2221	2237	2239	2243	2251	2267	2269	2273	2281	2287
34	2293	2297	2309	2311	2333	2339	2341	2347	2351	2357
35	2371	2377	2381	2383	2389	2393	2399	2411	2417	2423
36	2437	2441	2447	2459	2467	2473	2477	2503	2521	2531
37	2539	2543	2549	2551	2557	2579	2591	2593	2609	2617
38	2621	2633	2647	2657	2659	2663	2671	2677	2683	2687
39	2689	2693	2699	2707	2711	2713	2719	2729	2731	2741
40	2749	2753	2767	2777	2789	2791	2797	2801	2803	2819
41	2833	2837	2843	2851	2857	2861	2879	2887	2897	2903
42	2909	2917	2927	2939	2953	2957	2963	2969	2971	2999
43	3001	3011	3019	3023	3037	3041	3049	3061	3067	3079

44	3083	3089	3109	3119	3121	3137	3163	3167	3169	3181
45	3187	3191	3203	3209	3217	3221	3229	3251	3253	3257
46	3259	3271	3299	3301	3307	3313	3319	3323	3329	3331
47	3343	3347	3359	3361	3371	3373	3389	3391	3407	3413
48	3433	3449	3457	3461	3463	3467	3469	3491	3499	3511
49	3517	3527	3529	3533	3539	3541	3547	3557	3559	3571
50	3581	3583	3593	3607	3613	3617	3623	3631	3637	3643
51	3659	3671	3673	3677	3691	3697	3701	3709	3719	3727
52	3733	3739	3761	3767	3769	3779	3793	3797	3803	3821
53	3823	3833	3847	3851	3853	3863	3877	3881	3889	3907
54	3911	3917	3919	3923	3929	3931	3943	3947	3967	3989
55	4001	4003	4007	4013	4019	4021	4027	4049	4051	4057
56	4073	4079	4091	4093	4099	4111	4127	4129	4133	4139
57	4153	4157	4159	4177	4201	4211	4217	4219	4229	4231
58	4241	4243	4253	4259	4261	4271	4273	4283	4289	4297
59	4327	4337	4339	4349	4357	4363	4373	4391	4397	4409
60	4421	4423	4441	4447	4451	4457	4463	4481	4483	4493
61	4507	4513	4517	4519	4523	4547	4549	4561	4567	4583
62	4591	4597	4603	4621	4637	4639	4643	4649	4651	4657
63	4663	4673	4679	4691	4703	4721	4723	4729	4733	4751
64	4759	4783	4787	4789	4793	4799	4801	4813	4817	4831
65	4861	4871	4877	4889	4903	4909	4919	4931	4933	4937
66	4943	4951	4957	4967	4969	4973	4987	4993	4999	5003
67	5009	5011	5021	5023	5039	5051	5059	5077	5081	5087
68	5099	5101	5107	5113	5119	5147	5153	5167	5171	5179
69	5189	5197	5209	5227	5231	5233	5237	5261	5273	5279
70	5281	5297	5303	5309	5323	5333	5347	5351	5381	5387
71	5393	5399	5407	5413	5417	5419	5431	5437	5441	5443
72	5449	5471	5477	5479	5483	5501	5503	5507	5519	5521
73	5527	5531	5557	5563	5569	5573	5581	5591	5623	5639
74	5641	5647	5651	5653	5657	5659	5669	5683	5689	5693
75	5701	5711	5717	5737	5741	5743	5749	5779	5783	5791
76	5801	5807	5813	5821	5827	5839	5843	5849	5851	5857
77	5861	5867	5869	5879	5881	5897	5903	5923	5927	5939
78	5953	5981	5987	6007	6011	6029	6037	6043	6047	6053
79	6067	6073	6079	6089	6091	6101	6113	6121	6131	6133
80	6143	6151	6163	6173	6197	6199	6203	6211	6217	6221
81	6229	6247	6257	6263	6269	6271	6277	6287	6299	6301
82	6311	6317	6323	6329	6337	6343	6353	6359	6361	6367
83	6373	6379	6389	6397	6421	6427	6449	6451	6469	6473
84	6481	6491	6521	6529	6547	6551	6553	6563	6569	6571
85	6577	6581	6599	6607	6619	6637	6653	6659	6661	6673
86	6679	6689	6691	6701	6703	6709	6719	6733	6737	6761
87	6763	6779	6781	6791	6793	6803	6823	6827	6829	6833
88	6841	6857	6863	6869	6871	6883	6899	6907	6911	6917
89	6947	6949	6959	6961	6967	6971	6977	6983	6991	6997
90	7001	7013	7019	7027	7039	7043	7057	7069	7079	7103
91	7109	7121	7127	7129	7151	7159	7177	7187	7193	7207
92	7211	7213	7219	7229	7237	7243	7247	7253	7283	7297
93	7307	7309	7321	7331	7333	7349	7351	7369	7393	7411

94	7417	7433	7451	7457	7459	7477	7481	7487	7489	7499
95	7507	7517	7523	7529	7537	7541	7547	7549	7559	7561
96	7573	7577	7583	7589	7591	7603	7607	7621	7639	7643
97	7649	7669	7673	7681	7687	7691	7699	7703	7717	7723
98	7727	7741	7753	7757	7759	7789	7793	7817	7823	7829
99	7841	7853	7867	7873	7877	7879	7883	7901	7907	7919
100	7927	7933	7937	7949	7951	7963	7993	8009	8011	8017
101	8039	8053	8059	8069	8081	8087	8089	8093	8101	8111
102	8117	8123	8147	8161	8167	8171	8179	8191	8209	8219
103	8221	8231	8233	8237	8243	8263	8269	8273	8287	8291
104	8293	8297	8311	8317	8329	8353	8363	8369	8377	8387
105	8389	8419	8423	8429	8431	8443	8447	8461	8467	8501
106	8513	8521	8527	8537	8539	8543	8563	8573	8581	8597
107	8599	8609	8623	8627	8629	8641	8647	8663	8669	8677
108	8681	8689	8693	8699	8707	8713	8719	8731	8737	8741
109	8747	8753	8761	8779	8783	8803	8807	8819	8821	8831
110	8837	8839	8849	8861	8863	8867	8887	8893	8923	8929
111	8933	8941	8951	8963	8969	8971	8999	9001	9007	9011
112	9013	9029	9041	9043	9049	9059	9067	9091	9103	9109
113	9127	9133	9137	9151	9157	9161	9173	9181	9187	9199
114	9203	9209	9221	9227	9239	9241	9257	9277	9281	9283
115	9293	9311	9319	9323	9337	9341	9343	9349	9371	9377
116	9391	9397	9403	9413	9419	9421	9431	9433	9437	9439
117	9461	9463	9467	9473	9479	9491	9497	9511	9521	9533
118	9539	9547	9551	9587	9601	9613	9619	9623	9629	9631
119	9643	9649	9661	9677	9679	9689	9697	9719	9721	9733
120	9739	9743	9749	9767	9769	9781	9787	9791	9803	9811
121	9817	9829	9833	9839	9851	9857	9859	9871	9883	9887
122	9901	9907	9923	9929	9931	9941	9949	9967	9973	10007

素数の最小正原始根（最小素数原始根）

p	g	p	g	p	g	p	g	p	g	p	g
2	1	233	3	547	2	877	2	1229	2	1597	11
3	2	239	7	557	2	881	3	1231	3	1601	3
5	2	241	7	563	2	883	2	1237	2	1607	5
7	3	251	6(11)	569	3	887	5	1249	7	1609	7
11	2	257	3	571	3	907	2	1259	2	1613	3
13	2	263	5	577	5	911	17	1277	2	1619	2
17	3	269	2	587	2	919	7	1279	3	1621	2
19	2	271	6(43)	593	3	929	3	1283	2	1627	3
23	5	277	5	599	7	937	5	1289	6(11)	1637	3
29	2	281	3	601	7	941	2	1291	2	1657	11
31	3	283	3	607	3	947	2	1297	17	1663	3
37	2	293	2	613	2	953	3	1301	2	1667	2
41	6(7)	307	5	617	3	967	5	1303	6(7)	1669	2
43	3	311	17	619	2	971	6(11)	1307	2	1693	2
47	5	313	10(17)	631	3	977	3	1319	13	1697	3
53	2	317	2	641	3	983	5	1321	13	1699	3
59	2	331	3	643	11	991	7	1327	3	1709	3
61	2	337	10(19)	647	5	997	7	1361	3	1721	3
67	2	347	2	653	2	1009	11	1367	5	1723	3
71	7	349	2	659	2	1013	3	1373	2	1733	2
73	5	353	3	661	2	1019	2	1381	2	1741	2
79	3	359	7	673	5	1021	10(31)	1399	13	1747	2
83	2	367	6(11)	677	2	1031	14(37)	1409	3	1753	7
89	3	373	2	683	5	1033	5	1423	3	1759	6(7)
97	5	379	2	691	3	1039	3	1427	2	1777	5
101	2	383	5	701	2	1049	3	1429	6(11)	1783	10(11)
103	5	389	2	709	2	1051	7	1433	3	1787	2
107	2	397	5	719	11	1061	2	1439	7	1789	6(19)
109	6(11)	401	3	727	5	1063	3	1447	3	1801	11
113	3	409	21(29)	733	6(7)	1069	6(7)	1451	2	1811	6
127	3	419	2	739	3	1087	3	1453	2	1823	5
131	2	421	2	743	5	1091	2	1459	3	1831	3
137	3	431	7	751	3	1093	5	1471	6(7)	1847	5
139	2	433	5	757	2	1097	3	1481	3	1861	2
149	2	439	15(17)	761	6(7)	1103	5	1483	2	1867	2
151	6(7)	443	2	769	11	1109	2	1487	5	1871	14(19)
157	5	449	3	773	2	1117	2	1489	14(29)	1873	10(37)
163	2	457	13	787	2	1123	2	1493	2	1877	2
167	5	461	2	797	2	1129	11	1499	2	1879	6(11)
173	2	463	3	809	3	1151	17	1511	11	1889	3
179	2	467	2	811	3	1153	5	1523	2	1901	2
181	2	479	13	821	2	1163	5	1531	2	1907	2
191	19	487	3	823	3	1171	2	1543	5	1913	3
193	5	491	2	827	2	1181	7	1549	2	1931	2
197	2	499	7	829	2	1187	2	1553	3	1933	5
199	3	503	5	839	11	1193	3	1559	19	1949	2
211	2	509	2	853	2	1201	11	1567	3	1951	3
223	3	521	3	857	3	1213	2	1571	2	1973	2
227	2	523	2	859	2	1217	3	1579	3	1979	2
229	6(7)	541	2	863	5	1223	5	1583	5	1987	2

1993 5	2371 2	2749 6(13)	3187 2	3581 2
1997 2	2377 5	2753 3	3191 11	3583 3
1999 3	2381 3	2767 3	3203 2	3593 3
2003 5	2383 5	2777 3	3209 3	3607 5
2011 3	2389 2	2789 2	3217 5	3613 2
2017 5	2393 3	2791 6(53)	3221 10(19)	3617 3
2027 2	2399 11	2797 2	3229 6(11)	3623 5
2029 2	2411 6(17)	2801 3	3251 6(23)	3631 21(31)
2039 7	2417 3	2803 2	3253 2	3637 2
2053 2	2423 5	2819 2	3257 3	3643 2
2063 5	2437 2	2833 5	3259 3	3659 2
2069 2	2441 6(11)	2837 2	3271 3	3671 13
2081 3	2447 5	2843 2	3299 2	3673 5
2083 2	2459 2	2851 2	3301 6(17)	3677 2
2087 5	2467 2	2857 11	3307 2	3691 2
2089 7	2473 5	2861 2	3313 11	3697 5
2099 2	2477 2	2879 7	3319 6(31)	3701 2
2111 7	2503 3	2887 5	3323 2	3709 2
2113 5	2521 17	2897 3	3329 3	3719 7
2129 3	2531 2	2903 5	3331 3	3727 3
2131 2	2539 2	2909 2	3343 5	3733 2
2137 10(23)	2543 5	2917 5	3347 2	3739 7
2141 2	2549 2	2927 5	3359 11	3761 3
2143 3	2551 6(19)	2939 2	3361 22(31)	3767 5
2153 3	2557 2	2953 13	3371 2	3769 7
2161 23	2579 2	2957 2	3373 5	3779 2
2179 7	2591 7	2963 2	3389 3	3793 5
2203 5	2593 7	2969 3	3391 3	3797 2
2207 5	2609 3	2971 10(11)	3407 5	3803 2
2213 2	2617 5	2999 17	3413 2	3821 3
2221 2	2621 2	3001 14(23)	3433 5	3823 3
2237 2	2633 3	3011 2	3449 3	3833 3
2239 3	2647 3	3019 2	3457 7	3847 5
2243 2	2657 3	3023 5	3461 2	3851 2
2251 7	2659 2	3037 2	3463 3	3853 2
2267 2	2663 5	3041 3	3467 2	3863 5
2269 2	2671 7	3049 11	3469 2	3877 2
2273 3	2677 2	3061 6(13)	3491 2	3881 13
2281 7	2683 2	3067 2	3499 2	3889 11
2287 19	2687 5	3079 6(13)	3511 7	3907 2
2293 2	2689 19	3083 2	3517 2	3911 13
2297 5	2633 2	3089 3	3527 5	3917 2
2309 2	2699 2	3109 6(11)	3529 17	3919 3
2311 3	2707 2	3119 7	3533 2	3923 2
2333 2	2711 7	3121 7	3539 7	3929 3
2339 2	2713 5	3137 3	3541 7	3931 2
2341 7	2719 3	3163 3	3547 2	3943 3
2347 3	2729 3	3167 5	3557 2	3947 2
2351 13	2731 3	3169 7	3559 3	3967 6(13)
2357 2	2741 2	3181 7	3571 2	3989 2

位数表

	3	5	7	11	13	17	19	23	29	31	37	41	43	47	53	59	61	67	71	73	79	83	89	97	
2	2	4	3	10	12	8	18	11	28	5	36	20	14	23	52	58	60	66	35	9	39	82	11	48	2
3		4	6	5	3	16	18	11	28	30	18	8	42	23	52	29	10	22	35	12	78	41	88	48	3
4		2	3	5	6	4	9	11	14	5	18	10	7	23	26	29	30	33	35	9	39	41	11	24	4
5			6	5	4	16	9	22	14	3	36	20	42	46	52	29	30	22	5	72	39	82	44	96	5
6			2	10	12	16	9	11	14	6	4	40	3	23	26	58	60	33	35	36	78	82	88	12	6
7				10	12	16	3	22	7	15	9	40	6	23	26	29	60	66	70	24	78	41	88	96	7
8				10	4	8	6	11	28	5	12	20	14	23	52	58	20	22	35	3	13	82	11	16	8
9				5	3	8	9	11	14	15	9	4	21	23	26	29	5	11	35	6	39	41	44	24	9
10				2	6	16	18	22	28	15	3	5	21	46	13	58	60	33	35	8	13	41	44	96	10
11					12	16	3	22	28	30	6	40	7	46	26	58	4	66	70	72	39	41	22	48	11
12					2	16	6	11	4	30	9	40	42	23	52	29	15	66	35	36	26	41	8	16	12
13						4	18	11	14	30	36	40	21	46	13	58	3	66	70	72	39	82	88	96	13
14						16	18	22	7	15	12	8	21	23	52	58	6	11	70	72	26	82	88	96	14
15						8	18	22	28	10	36	41	46	13	29	15	11	35	72	26	82	88	96		15
16						2	9	11	7	5	9	5	7	23	13	29	15	33	35	9	39	41	11	12	16
17							9	22	4	30	36	40	21	23	26	29	60	33	10	24	26	41	44	96	17
18							2	11	28	15	36	5	42	23	52	58	60	66	35	18	13	82	44	16	18
19								22	28	15	36	40	42	46	52	29	30	33	35	36	39	82	88	32	19
20								22	7	15	36	20	42	46	52	29	5	66	7	72	39	82	44	32	20
21									22	28	30	18	20	7	23	52	29	12	33	70	24	13	41	44	96	21
22									2	14	30	36	40	14	46	52	29	15	11	70	8	13	82	22	4	22
23										7	10	12	10	21	46	4	58	20	33	14	36	3	41	88	96	23
24										7	30	36	40	21	13	58	20	11	35	12	6	82	88	24	24
25										7	3	18	12	23	26	29	15	11	5	36	39	41	22	48	25
26											28	6	3	40	42	46	52	29	60	33	14	72	39	41	88	96	26
27											28	10	6	8	14	23	52	29	10	22	35	4	26	41	88	16	27
28											2	15	18	40	42	23	13	29	20	66	70	72	78	41	88	96	28
29												10	12	40	42	46	26	29	12	3	35	72	78	41	88	96	29
30												2	18	40	42	46	4	58	60	6	7	24	78	41	88	32	30
31													4	10	21	46	52	58	60	66	70	72	39	41	88	48	31
32													36	4	14	23	52	58	12	66	7	9	39	82	11	48	32
33													9	20	42	46	52	58	20	33	70	72	26	41	88	8	33
34													9	40	42	23	52	58	5	66	14	72	82	4	32	34
35													36	40	7	46	52	29	60	33	70	36	78	82	88	3	35
36														2	20	3	23	13	29	30	33	35	18	39	41	44	6	36
37														5	6	23	26	58	20	3	7	9	78	41	8	96	37
38														8	21	46	26	58	20	6	35	36	13	41	88	96	38
39														20	14	46	52	58	10	33	14	72	78	82	11	96	39
40														2	21	46	26	58	12	11	35	72	39	41	44	96	40
41															7	46	52	29	10	66	14	18	26	41	88	96	41
42															2	23	13	58	15	22	70	72	39	82	44	32	42
43																46	26	58	22	35	24	78	82	88	24	43
44																46	13	58	60	66	70	72	39	41	22	48	44
45																46	52	29	30	22	7	39	82	11	32	45
46																2	13	29	30	66	10	4	13	82	88	32	46
47																	13	58	3	33	70	72	78	82	44	8	47
48																	52	29	6	66	7	36	78	41	88	48	48
49																	13	29	30	33	35	12	39	41	44	48	49
50																	52	58	4	66	35	36	39	82	22	8	50

51	52	29	60	66	14	8	39	41	88	32	51
52	2	58	10	22	70	24	13	82	8	32	52
53		29	20	22	70	72	78	82	44	48	53
54		58	60	33	5	36	78	82	88	24	54
55		58	60	33	70	9	3	82	4	32	55
56		58	15	33	70	24	6	82	88	96	56
57		29	15	66	5	18	26	82	22	96	57
58		2	5	22	35	72	26	82	88	96	58
59			60	11	70	72	78	41	88	96	59
60			2	33	35	72	78	82	88	96	60
61				66	70	36	26	41	88	3	61
62				11	70	72	13	82	88	6	62
63				66	70	8	78	41	88	32	63
64				11	35	3	13	41	11	8	64
65				33	70	6	13	41	88	48	65
66				2	10	24	78	82	88	48	66
67					70	36	13	82	11	32	67
68					70	72	78	41	44	96	68
69					70	18	26	41	44	32	69
70					2	12	78	41	88	16	70
71						18	26	82	44	96	71
72						2	39	82	44	48	72
73							39	82	22	24	73
74							78	82	88	96	74
75							78	41	88	4	75
76							39	82	88	96	76
77							78	41	8	32	77
78							2	41	11	32	78
79								82	44	16	79
80								82	44	96	80
81								41	22	12	81
82								2	88	96	82
83									88	96	83
84									44	96	84
85									22	16	85
86									88	48	86
87									22	96	87
88									2	24	88
89										16	89
90										96	90
91										12	91
92										96	92
93										24	93
94										48	94
95										48	95
96										2	96

指数表 （gは最小素数原始根）

p	3	5	7	11	13	17	19	23	29	31	37	41	43	47	53	59	61	67	71	73	79	83	89	97	p
g	2	2	3	2	2	3	2	5	2	3	2	7	3	5	2	2	2	2	7	5	3	2	3	5	g
1	0	0	0	0	0	0	0	0	0	0	0	0	0	0	0	0	0	0	0	0	0	0	0	0	1
2	1	1	2	1	1	14	1	2	1	24	1	14	27	18	1	1	1	1	6	8	4	1	16	34	2
3		3	1	8	4	1	13	16	5	1	26	25	1	20	17	50	6	39	26	6	1	72	1	70	3
4		2	4	2	2	12	2	4	2	18	2	28	12	36	2	2	2	2	12	16	8	2	32	68	4
5			5	4	9	5	16	1	22	20	23	18	25	1	47	6	22	15	28	1	62	27	70	1	5
6			3	9	5	15	14	18	6	25	27	39	28	38	18	51	7	40	32	14	5	73	17	8	6
7				7	11	11	6	19	12	28	32	1	35	32	14	18	49	23	1	33	53	8	81	31	7
8				3	3	10	3	6	3	12	3	2	39	8	3	3	3	3	18	24	12	3	48	6	8
9				6	8	2	8	10	10	2	16	10	2	40	34	42	12	12	52	12	2	62	2	44	9
10				5	10	3	17	3	23	14	24	32	10	19	48	7	23	16	34	9	66	28	86	35	10
11					7	7	12	9	25	23	30	37	30	7	6	25	15	59	31	55	68	24	84	86	11
12					6	13	15	20	7	19	28	13	13	10	19	52	8	41	38	22	9	74	33	42	12
13						4	5	14	18	11	11	9	32	11	24	45	40	19	39	59	34	77	23	25	13
14						9	7	21	13	22	33	15	20	4	15	19	50	24	7	41	57	9	9	65	14
15						6	11	17	27	21	13	3	26	21	12	56	28	54	54	7	63	17	77	71	15
16						8	4	8	4	6	4	16	24	26	4	4	4	4	24	32	16	4	64	40	16
17							10	7	21	7	7	7	38	16	10	40	47	64	49	21	56	6	89	17	17
18							9	12	11	26	17	24	29	12	35	43	13	58	20	6	63	18	78	18	18
19								15	9	4	35	31	19	45	37	38	26	10	16	62	32	47	35	81	19
20								5	24	8	25	6	37	27	49	8	24	17	40	17	70	29	14	69	20
21								13	17	29	22	26	36	6	31	10	55	27	39	54	80	82	5	21	
22									11	26	31	11	15	25	7	26	16	60	37	63	72	25	12	24	22
23									20	27	15	4	16	5	39	15	57	28	15	46	26	60	57	77	23
24									8	13	29	27	40	28	20	53	9	42	44	30	13	75	49	76	24
25									10	10	20	36	8	2	42	12	44	30	56	2	46	54	52	2	25
26									19	5	12	23	17	29	25	46	41	20	45	67	38	78	39	59	26
27									15	3	6	35	3	14	51	34	18	51	8	18	3	52	3	18	27
28									14	16	34	29	5	22	16	20	51	25	13	49	61	10	25	3	28
29										9	21	33	41	35	46	28	35	44	68	35	11	12	59	13	29
30										15	14	17	11	39	13	57	29	55	60	15	67	18	87	9	30
31											9	12	34	3	33	49	59	47	11	56	38	31	46	31	
32											5	30	9	44	5	5	5	5	30	40	20	5	80	74	32
33											20	22	31	27	23	17	21	32	57	61	69	14	85	60	33
34											8	21	23	34	11	41	48	65	55	29	25	57	22	27	34
35											19	19	18	33	9	24	11	38	29	34	37	35	63	32	35
36											18	38	14	30	44	14	14	64	28	10	64	34	16	36	
37												8	7	42	30	55	39	22	20	64	19	20	11	91	37
38												17	38	39	27	11	22	70	36	48	51	19	38	
39												5	4	17	38	27	11	42	37	46	58	65	65	35	67	24	95	39
40												34	33	31	41	37	46	58	65	65	35	67	24	95	39	
40												20	22	9	50	9	25	18	46	25	74	30	30	7	40
41													6	15	45	14	34	53	25	4	75	40	21	85	41
42													21	24	32	11	56	63	33	47	58	81	10	39	42
43														13	22	33	43	9	48	51	49	71	29	4	43
44														43	16	37	61	43	71	76	26	28	58	44	
45														41	29	48	34	27	10	13	64	7	72	45	45
46														23	40	16	58	29	21	54	30	61	73	15	46
47															44	23	20	50	9	31	59	23	54	84	47
48															21	54	10	43	50	38	17	76	65	14	48
49															28	36	38	46	2	66	28	16	74	62	49
50															43	13	45	31	62	10	50	55	68	36	50

288

51		27	32	53	37	5	27	22	46	7	63	51
52		26	47	42	21	51	3	42	79	55	93	52
53		—	22	33	57	23	53	77	59	78	10	53
54			35	19	52	14	26	7	53	19	52	54
55			31	37	8	59	56	52	51	66	87	55
56			21	52	26	19	57	65	11	41	37	56
57			30	32	49	42	68	33	37	36	55	57
58			29	36	45	4	43	15	13	75	47	58
59			—	31	36	3	5	31	34	43	67	59
60				30	56	66	23	71	19	15	43	60
61				—	7	69	58	45	66	69	64	61
62					48	17	19	60	39	47	80	62
63					35	53	45	55	70	83	75	63
64					6	36	48	24	6	8	12	64
65					34	67	60	18	22	5	26	65
66					33	63	69	73	15	13	94	66
67					—	47	50	48	45	56	57	67
68					61	37	29	58	38	61	68
69					41	52	27	50	58	51	69
70					35	42	41	36	79	66	70
71						—	44	51	33	62	11	71
72						36	14	65	50	50	72
73						—	44	69	20	28	73
74							23	21	27	29	74
75							47	44	53	72	75
76							40	49	67	53	76
77							43	32	77	21	77
78							39	68	40	33	78
79							—	43	42	30	79
80								31	46	41	80
81								42	4	88	81
82								41	37	23	82
83								—	61	17	83
84									26	73	84
85									76	90	85
86									45	38	86
87									60	83	87
88									44	92	88
89									—	54	89
90										79	90
91										56	91
92										49	92
93										20	93
94										22	94
95										82	95
96										48	96

整数論的関数

n	$\varphi(n)$	σ_0	σ_1	n	$\varphi(n)$	σ_0	σ_1	n	$\varphi(n)$	σ_0	σ_1	n	$\varphi(n)$	σ_0	σ_1
1	1	1	1	51	32	4	72	101	100	2	102	151	150	2	152
2	1	2	3	52	24	6	98	102	32	8	216	152	72	8	300
3	2	2	4	53	52	2	54	103	102	2	104	153	96	6	234
4	2	3	7	54	18	8	120	104	48	8	210	154	60	8	288
5	4	2	6	55	40	4	72	105	48	8	192	155	120	4	192
6	2	4	12	56	24	8	120	106	52	4	162	156	48	12	392
7	6	2	8	57	36	4	80	107	106	2	108	157	156	2	158
8	4	4	15	58	28	4	90	108	36	12	280	158	78	4	240
9	6	3	13	59	58	2	60	109	108	2	110	159	104	4	216
10	4	4	18	60	16	12	168	110	40	8	216	160	64	12	378
11	10	2	12	61	60	2	62	111	72	4	152	161	132	4	192
12	4	6	28	62	30	4	96	112	48	10	248	162	54	10	363
13	12	2	14	63	36	6	104	113	112	2	114	163	162	2	164
14	6	4	24	64	32	7	127	114	36	8	240	164	80	6	294
15	8	4	24	65	48	4	84	115	88	4	144	165	80	8	288
16	8	5	31	66	20	8	144	116	56	6	210	166	82	4	252
17	16	2	18	67	66	2	68	117	72	6	182	167	166	2	168
18	6	6	39	68	32	6	126	118	58	4	180	168	48	16	480
19	18	2	20	69	44	4	96	119	96	4	144	169	156	3	183
20	8	6	42	70	24	8	144	120	32	16	360	170	64	8	324
21	12	4	32	71	70	2	72	121	110	3	133	171	108	6	260
22	10	4	36	72	24	12	195	122	60	4	186	172	84	6	308
23	22	2	24	73	72	2	74	123	80	4	168	173	172	2	174
24	8	8	60	74	36	4	114	124	60	6	224	174	56	4	360
25	20	3	31	75	40	6	124	125	100	4	156	175	120	6	248
26	12	4	42	76	36	6	140	126	36	12	312	176	80	10	372
27	18	4	40	77	60	4	96	127	126	2	128	177	116	4	240
28	12	6	56	78	24	8	168	128	64	8	255	178	88	4	270
29	28	2	30	79	78	2	80	129	84	4	176	179	178	2	180
30	8	8	72	80	32	10	186	130	48	8	252	180	48	18	546
31	30	2	32	81	54	5	121	131	130	2	132	181	180	2	182
32	16	6	63	82	40	4	126	132	40	12	336	182	72	8	336
33	20	4	48	83	82	2	84	133	108	4	160	183	120	4	248
34	16	4	54	84	24	12	224	134	66	4	204	184	88	8	360
35	24	4	48	85	64	4	108	135	72	8	240	185	144	4	228
36	12	9	91	86	42	4	132	136	64	8	270	186	60	8	384
37	36	2	38	87	56	4	120	137	136	2	138	187	160	4	216
38	18	4	60	88	40	8	180	138	44	8	288	188	92	6	336
39	24	4	56	89	88	2	90	139	138	2	140	189	108	8	320
40	16	8	90	90	24	12	234	140	48	12	336	190	72	8	360
41	40	2	42	91	72	4	112	141	92	4	192	191	190	2	192
42	12	8	96	92	44	6	168	142	70	4	216	192	64	14	508
43	42	2	44	93	60	4	128	143	120	4	168	193	192	2	194
44	20	6	84	94	46	4	144	144	48	15	403	194	96	4	294
45	24	6	78	95	72	4	120	145	112	4	180	195	96	8	336
46	22	4	72	96	32	12	252	146	72	4	222	196	84	9	399
47	46	2	48	97	96	2	98	147	84	6	228	197	196	2	198
48	16	10	124	98	42	6	171	148	72	6	266	198	60	12	468
49	42	3	57	99	60	6	156	149	148	2	150	199	198	2	200
50	20	6	93	100	40	9	217	150	40	12	372	200	80	12	465

メルセンヌ素数 M_p

#	p	桁数	発見年	発見者名
1	2	1		
2	3	1		
3	5	2		
4	7	3		
5	13	4	1461	Reguis, Cataldi
6	17	6	1588	Cataldi
7	19	6	1588	Cataldi
8	31	10	1750	Euler
9	61	19	1883	Pervouchine, Seelhoff
10	89	27	1911	Powers
11	107	33	1913	Powers
12	127	39	1876	Lucas
13	521	157	1952	Lehmer
14	607	183	1952	Lehmer
15	1279	386	1952	Lehmer
16	2203	664	1952	Lehmer
17	2281	687	1952	Lehmer
18	3217	969	1957	Riesel
19	4253	1281	1961	Hurwitz
20	4423	1332	1961	Hurwitz
21	9689	2917	1963	Gillies
22	9941	2993	1963	Gillies
23	11213	3376	1963	Gillies
24	19937	6002	1971	Tuckerman
25	21701	6533	1978	Noll and Nickel
26	23209	6987	1979	Noll
27	44497	13395	1979	Nelson and Slowinski
28	86243	25962	1982	Slowinski
29	110503	33265	1988	Colquitt and Welsh
30	132049	39751	1983	Slowinski
31	216091	65050	1985	Slowinski
32	756839	227832	1992	Gage, Slowinski
33	859433	258716	1994	Gage, Slowinski
34	1257787	378632	1996	Slowinski, Gage
35	1398269	420921	1996	Armengaud
36	2976221	895832	1997	Spence
37	3021377	909526	1998	Clarkson, Kurowski
38	6972593	2098960	1999	Hajratwala, Kurowski
39	13466917	4053946	2001	Cameron, Kurowski
40	20996011	6320430	2003	Shafer
41	24036583	7235733	2004	Findley
42	25964951	7816230	2004	Nowak
43	30402457	9152052	2006	Cooper, Boone
44	32582657	9808358	2006	Cooper, Boone

参考文献

[Ad1] 足立恒雄『数−体系と歴史』朝倉書店
[Ad2] 足立恒雄『フェルマーの大定理』日本評論社
[Ba] ベイカー,片山孝次 訳『初等数論講義』サイエンス社
[Вн] ビノグラードフ,三瓶与右衛門・山中健 訳『整数論入門』共立出版
[Bo] ボレル,芹沢正三 訳『素数』白水社クセジュ文庫
[Co] コウチーニョ,林彬 訳『暗号の数学的基礎』シュプリンガー・フェアラーク東京
[Fe] フェルマン,山本敦之 訳『オイラー』シュプリンガー・フェアラーク東京
[Ga] ガウス,高瀬正仁 訳『ガウス整数論』朝倉書店
[Gu] ガイ,一松信ほか 訳『数論における未解決問題』シュプリンガー・フェアラーク東京
[Hi1] 一松信『暗号の数理』講談社ブルーバックス
[Hi2] 平田寛・吉成薫『リンド数学パピルス』朝倉書店
[Ho] ホリングデール,岡部恒治 監訳『数学を築いた天才たち(上・下)』講談社ブルーバックス
[Iy] 彌永昌吉『数の体系』岩波新書
[Ki1] 木田祐司・牧野潔夫『UBASIC によるコンピュータ整数論』日本評論社
[Ki2] 木田祐司『初等整数論』朝倉書店
[Kl] クライン,彌永昌吉 監修,足立恒雄・浪川幸彦 監訳,石井省吾・渡辺弘 訳『クライン:19世紀の数学』共立出版
[Ko] 小林昭七『なっとくするオイラーとフェルマー』講談社
[La] ラング,宮本敏雄 訳『数学の美しさを体験しよう』森北出版
[Na] ユークリッド,中村幸四郎・寺坂英孝・伊東俊太郎・池田美恵 訳『ユークリッド原論』共立出版
[Ne] Neugebauer, *The Exact Sciences In Antiquity,* Dover.
[Oo] 大野栄一『電卓で遊ぶ数学』講談社ブルーバックス
[Oy] 大矢真一『塵劫記』岩波書店
[Re] レイド,芹沢正三 訳『ゼロから無限へ』講談社ブルーバックス

[Ru] ラッセル,平野智治 訳『数理哲学序説』岩波文庫
[Sa] 佐藤修一『デジタル数学に強くなる』講談社ブルーバックス
[Se] 芹沢正三『Cによる初等整数論』森北出版
[Si] シルヴァーマン,鈴木治郎 訳『はじめての数論』ピアソン・エデュケーション
[St] スターク,芹沢正三・安藤四郎 訳『初等整数論』現代数学社
[Ta1] 高木貞治『初等整数論講義』共立出版
[Ta2] 高木貞治『近世数学史談』岩波文庫
[Ta3] 高崎昇『古代エジプトの数学』総合科学出版
[Ta4] 高瀬正仁『ガウスの遺産と継承者たち』海鳴社
[Ta5] 武隈良一『数学史』培風館
[To] 遠山啓『初等整数論』日本評論社
[Tu] 辻井重雄『暗号』講談社選書メチエ
[Va] ヴァン・デル・ウァルデン,村田全・佐藤勝造 訳『数学の黎明』みすず書房
[Wa1] 和田秀男『コンピュータと素因子分解』遊星社
[Wa2] 和田秀男『計算数学』朝倉書店
[Wa3] 和田秀男『数の世界』岩波書店
[We1] ヴェイユ,片山孝次・田中茂・丹羽敏雄・長岡一昭 訳『初学者のための整数論』現代数学社
[We2] E.W.Weisstein, *CRC Concise Encyclopedia of Mathematics,* CRC Press.
[Ya] 山本芳彦『実験数学入門』岩波書店
[Yo1] 吉田洋一『零の発見』岩波新書
[Yo2] 吉永良正『数学・まだこんなことがわからない』講談社ブルーバックス

さくいん

〈数学記号〉

#	73
$\equiv$	143
$\not\equiv$	143
$\mid$	71
$\nmid$	71
[ ]	188
(a,b)	81
$\{a,b\}$	82
$\mathrm{Ind}_g(n)$	253
$\mathrm{ord}_n(a)$	243
$\mathrm{mod}\ n$	143
M_n	212
F_n	235
F_p	162
$\varphi(n)$	198
$\mu(d)$	206
$\nu(n)$	207
$\pi(x)$	123
$\sigma_0(n)$	194
$\sigma_1(n)$	196
$\sigma_2(n)$	73,210
$\sum_{d\mid n}$	194
$\tau(n)$	202
GCD, gcd	82
LCM, lcm	82
max (a,b)	104
min (a,b)	104

〈数字・欧文〉

0で割ってはいけない	29
1次合同方程式	166
2項関係	160
2項係数	189,190
2進展開	155
2進法	39,45
4進法	45
8進法	45
9去法	148
10の位数	260
10進法	35,45
11去法	149
16進法	39,45
GIMPS	218
k進法	35
Maple	8
Mathematica	8
RSA式暗号	267
TI-92	8,132
UBASIC	8

〈あ行〉

アダマール	123
アーベル	26
アーベル群	25
余り	31
アーメス	49,67
アルキメデス	136
アルゴリズム	30
暗号	263
移項の規則	148
位数	243
位数表	244

さくいん

一般解(合同方程式の)	177	既約剰余類	163
ヴァレプサン	123	逆数	65
ヴィノグラドフ	227	既約代表系	235
ウィルソンの定理	153	既約なピタゴラス数	180
エラトステネス	111	既約分数	103
エラトステネスの篩	108,110	偶数	140
エルガマル暗号	265	楔形文書	183
オイラー	118,217,226,262	クライン	136
オイラーの関数	114,198,200,267	グルッペ	25
		グループ	25
オイラーの定理	236	群	26
		群の公理	25

〈か行〉

		クンマー	117
階乗	75	桁数	40,215
ガウス	6,121,125,136	結合法則(≡の)	148
ガウス式割り算	51	原始根	251
ガウス日記	138	原始根の表	252
ガウスの記号	74,112,188	公開鍵暗号	265
可換群	25	交換法則(≡の)	148
加算の結合法則	15,65,66	合成数	106
加算の交換法則	15,65,66	合同	143
過剰数	219	合同式	146
加速互除法	93,94	公倍数	80,91
カーマイケル数	239	公約数	80
環	34,162	互除法	84
『勘者御伽双紙』	187	互除法の計算回数	89
完全数	219,229	古代エジプトの単位分数	48
完全代表系	235	コード化	264
完全平方数	46,128,210	ゴールドバッハ予想	227
完全立方数	46	混循環小数	59
環の公理	34		

〈さ行〉

奇数	140		
偽素数	241	最小公倍数	82,91,128,130
基本定理	125,126,130	最大公約数	81,90,128,130
逆元	66,168	3つ以上の整数の最大公約数	

295

	100
最大公約数の表示式	97,131,177
最良近似分数	64
指数	156,253,255,270
指数表	254
自然数	12
四則計算	14
実験数学	8
自明	72
循環小数	56,59,259
循環節	53,59
循環節の長さ	59,61,259,269
純循環小数	59
乗算の結合法則	22,65
乗算の交換法則	22,65
乗法群	163
乗法的関数	192,195,196,208,210
加算乗算の分配法則	22
証明	79
剰余	143
剰余類	159
除算	152
『塵劫記』	171
真数	253
進法	35
親和数	197,211
推移律	23,145,160
数学実験	8
数学的帰納法	17,19
スターク式割り算	53
スーパーコンピュータ	132
正17角形の作図法の発見	138
整商	31
整数	23
整数部分関数	112,188
『整数論考究』	139,142
正則な行と列	151
正多角形の作図	226
絶対値最小剰余	33
零	65,66
零因子	152
線形計画法	6
全順序	23
素因数	270
素因数分解	80,124,267
双対的	102
素数	5,106
素数定理	123
素数は無限にある	116
$4n+1$型の素数	120,234
$4n+3$型の素数	120
$6n+5$型の素数	120,134
素数を表す式	114
存在定理	131
孫子の剰余定理	173

〈た・な行〉

体	162
対称律	145,160
対数	214,253
対数計算	156
体の公理	66
互いに素	81,90
互いに素な数の個数	203
互いに素な数の和	202
単位	65
単位元をもつ可換環	34
単位分数	48
地球の周囲	111
中国の剰余定理	173

さくいん

調和級数	118
ディオファントス	175, 223
ディオファントス方程式	174, 176
電卓	55
天秤のパズル	41
同値関係	145, 160
特別解(合同方程式の)	177
時計算術	142
閉じている	14, 22
トリヴィアル	72
中根彦循	187
ニュートン	136
ノイゲバウアー	183, 185

〈は行〉

倍数	71
倍数の個数	73
背理法	116
バッシェ	223
ハッセのダイヤグラム	76
鳩の巣原理	57
バビロニアの数学	183
反射律	145, 160
反数	25, 65, 66
反対称律	145
非合同	143
非剰余	143
ピタゴラス数	180, 182, 211
ピタゴラスの3つ組	180
ピタゴラス方程式	180
百五減算	171
標準素因数分解	127
フィボナッチ数列	89
フェルマー	222
フェルマー数	225, 261
フェルマー数の素因数	261
フェルマー素数	225
フェルマー・テスト	239
フェルマーの原理	222
フェルマーの最終定理	230
フェルマーの小定理	231
フェルマーの予想	107, 225
不足数	219
付帯条件	178
双子素数	107, 227
プリンプトン322	184
プーレ	211
分配法則(≡の)	66, 148
平方数	19
平方素因子	206
ベキ指数の公式	250
ベキ乗計算	154
ポアンカレ	79
ポアンカレ予想	107
法	143
包除原理	75, 114, 201, 205
補数	55

〈ま行〉

密度	121
密率	62
無理数	61, 130
(命題の)否定	238
メービウス	205
メービウスの反転公式	209
メービウス・バンド	205
メルセンヌ	213
メルセンヌ数の素因数	262
メルセンヌ素数	212, 215

メルセンヌの予想	214	ラメの定理	90
		離散	253
〈や行〉		離散真数	253
約数	71	離散対数	253
約数の個数	72,194	リュカ	216
約数の総和	196	リュカ・テスト	216
約率	62	リュカの方法	229
有限小数	59	リンドのパピルス	48
有限体	162	連分数	61
有理数	48	連立合同方程式	170
有理整数	22	論理主義	13
ユークリッド	219	和算	171,187
『ユークリッド原論』	85,107,116	割り切れない	71
		割り切れる	70
ユークリッドの互除法	83,84	割り算の不定	30
〈ら・わ行〉		割り算の不能	29
ラッセル	13,17		

N.D.C.412.1　298p　18cm

ブルーバックス　B-1386

素数入門(そすうにゅうもん)
計算しながら理解できる

2002年10月20日　第1刷発行
2024年5月10日　第20刷発行

著者	芹沢正三(せりざわしょうぞう)	
発行者	森田浩章	
発行所	株式会社講談社	
	〒112-8001 東京都文京区音羽2-12-21	
電話	出版　03-5395-3524	
	販売　03-5395-4415	
	業務　03-5395-3615	
印刷所	(本文表紙印刷) 株式会社KPSプロダクツ	
	(カバー印刷) 信毎書籍印刷株式会社	
製本所	株式会社KPSプロダクツ	

定価はカバーに表示してあります。
©芹沢正三　2002, Printed in Japan
落丁本・乱丁本は購入書店名を明記のうえ、小社業務宛にお送りください。送料小社負担にてお取替えします。なお、この本についてのお問い合わせは、ブルーバックス宛にお願いいたします。
本書のコピー、スキャン、デジタル化等の無断複製は著作権法上での例外を除き禁じられています。本書を代行業者等の第三者に依頼してスキャンやデジタル化することはたとえ個人や家庭内の利用でも著作権法違反です。
Ⓡ〈日本複製権センター委託出版物〉複写を希望される場合は、日本複製権センター（電話03-6809-1281）にご連絡ください。

ISBN4-06-257386-5

発刊のことば

科学をあなたのポケットに

二十世紀最大の特色は、それが科学時代であるということです。科学は日に日に進歩を続け、止まるところを知りません。ひと昔前の夢物語もどんどん現実化しており、今やわれわれの生活のすべてが、科学によってゆり動かされているといっても過言ではないでしょう。

そのような背景を考えれば、学者や学生はもちろん、産業人も、セールスマンも、ジャーナリストも、家庭の主婦も、みんなが科学を知らなければ、時代の流れに逆らうことになるでしょう。ブルーバックス発刊の意義と必然性はそこにあります。このシリーズは、読む人に科学的に物を考える習慣と、科学的に物を見る目を養っていただくことを最大の目標にしています。そのためには、単に原理や法則の解説に終始するのではなくて、政治や経済など、社会科学や人文科学にも関連させて、広い視野から問題を追究していきます。科学はむずかしいという先入観を改める表現と構成、それも類書にないブルーバックスの特色」であると信じます。

一九六三年九月

野間省一

ブルーバックス　数学関係書(I)

番号	タイトル	著者
116	推計学のすすめ	佐藤 信
120	統計でウソをつく法	ダレル・ハフ／高木秀玄"訳"
177	ゼロから無限へ	C・レイド／芹沢正三"訳"
325	現代数学小事典	寺阪英孝"編"
722	解ければ天才！ 算数100の難問・奇問	中村義作
833	虚数 i の不思議	堀場芳数
862	対数 e の不思議	堀場芳数
926	原因をさぐる統計学	
1003	マンガ 微積分入門	岡部恒治／藤岡文世"絵"
1013	違いを見ぬく統計学	豊田秀樹
1037	道具としての微分方程式	斉藤恭一
1201	自然にひそむ数学	吉田剛"絵"
1243	高校数学とっておき勉強法	佐藤修一
1312	マンガ おはなし数学史	鍵本聡
1332	集合とはなにか 新装版	竹内外史
1352	確率・統計であばくギャンブルのからくり	谷岡一郎
1353	算数パズル「出しっこ問題」傑作選	仲田紀夫"原作"／佐々木ケン"漫画"
1366	高校数学 これを英語で言えますか？	仲田紀夫
1383	マンガ 数学版	前田忠彦／柳井晴夫
1386	統計でウソをつく法	保江邦夫"監修"
1407	高校数学でわかるマクスウェル方程式	竹内淳
1407	素数入門	芹沢正三
	入試数学 伝説の良問100	安田亨

番号	タイトル	著者
1419	パズルでひらめく 補助線の幾何学	中村義作
1429	数学21世紀の7大難問	中村亨
1433	大人のための算数練習帳	佐藤恒雄
1453	大人のための算数練習帳 図形問題編	佐藤恒雄
1479	なるほど高校数学 三角関数の物語	原岡喜重
1490	暗号の数理 改訂新版	一松信
1493	計算力を強くする	鍵本聡
1536	計算力を強くする part2	鍵本聡
1547	広中杯 ハイレベル 算数オリンピック委員会"監修"／青木亮二"解説"	
1557	中学数学に挑戦	
1595	やさしい統計入門	柳井晴夫／C・R・ラオ
1598	数論入門	芹沢正三
1606	なるほど高校数学 ベクトルの物語	原岡喜重
1619	関数とはなんだろう	山根英司
1620	離散数学「数え上げ理論」	野崎昭弘
1629	高校数学でわかるボルツマンの原理	竹内淳
1657	計算力を強くする 完全ドリル	鍵本聡
1677	高校数学でわかるフーリエ変換	竹内淳
1678	新体系 高校数学の教科書（上）	芳沢光雄
1684	新体系 高校数学の教科書（下）	芳沢光雄
	ガロアの群論	中村亨

ブルーバックス　数学関係書（Ⅱ）

- 1704 高校数学でわかる線形代数　竹内淳
- 1724 ウソを見破る統計学　神永正博
- 1738 物理数学の直観的方法（普及版）　長沼伸一郎
- 1740 マンガで読む　計算力を強くする　がそんみほ"マンガ"銀杏社"構成
- 1743 大学入試問題で語る数論の世界　清水健一
- 1757 高校数学でわかる統計学　竹内淳
- 1764 新体系　中学数学の教科書（上）　芳沢光雄
- 1765 新体系　中学数学の教科書（下）　芳沢光雄
- 1770 連分数のふしぎ　木村俊一
- 1784 はじめてのゲーム理論　川越敏司
- 1786 確率・統計でわかる「金融リスク」のからくり　吉本佳生
- 1788 「超」入門　微分積分　神永正博
- 1795 複素数とはなにか　示野信一
- 1808 シャノンの情報理論入門　高岡詠子
- 1810 算数オリンピックに挑戦　'08～'12年度版　算数オリンピック委員会"編"
- 1818 不完全性定理とはなにか　竹内薫
- 1819 オイラーの公式がわかる　原岡喜重
- 1822 世界は2乗でできている　小島寛之
- 1823 マンガ　線形代数入門　鍵本聡"原作"北垣絵美"漫画"
- 1828 三角形の七不思議　細矢治夫
- 1833 リーマン予想とはなにか　中村亨

- 1833 超絶難問論理パズル　小野田博一
- 1841 難関入試　算数速攻術　中川りつこ"画塾"
- 1851 チューリングの計算理論入門　高岡詠子
- 1880 非ユークリッド幾何の世界　新装版　寺阪英孝
- 1888 直感を裏切る数学　神永正博
- 1890 ようこそ「多変量解析」クラブへ　小野田博一
- 1893 逆問題の考え方　上村豊
- 1897 算法勝負！「江戸の数学」に挑戦　山根誠司
- 1906 ロジックの世界　ダン・クライアン／シャロン・シュアティル／ビル・メイブリン"絵"田中一之"訳"
- 1907 素数が奏でる物語　西来路文朗／清水健一
- 1917 群論入門　芳沢光雄
- 1921 数学ロングトレイル「大学への数学」に挑戦　山下光雄
- 1927 確率を攻略する　小島寛之
- 1933 P≠NP問題　野﨑昭弘
- 1941 数学ロングトレイル「大学への数学」に挑戦　ベクトル編　山下光雄
- 1942 数学ロングトレイル「大学への数学」に挑戦　関数編　山下光雄
- 1961 曲線の秘密　松下泰雄
- 1967 世の中の真実がわかる「確率」入門　小林道正

ブルーバックス　数学関係書（III）

番号	書名	著者
1968	脳・心・人工知能	甘利俊一
1969	四色問題	一松信
1984	経済数学の直観的方法 マクロ経済学編	長沼伸一郎
1985	経済数学の直観的方法 確率・統計編	長沼伸一郎
1998	結果から原因を推理する「超」入門ベイズ統計	石村貞夫
2001	人工知能はいかにして強くなるのか？	小野田博一
2003	素数はめぐる	西来路文朗／清水健一
2023	曲がった空間の幾何学	宮岡礼子
2033	ひらめきを生む「算数」思考術	安藤久雄
2035	現代暗号入門	神永正博
2036	美しすぎる「数」の世界	清水健一
2043	理系のための微分・積分復習帳	竹内淳
2046	方程式のガロア群	金重明
2059	離散数学「ものを分ける理論」	徳田雄洋
2065	学問の発見	広中平祐
2069	今日から使える微分方程式 普及版	飽本一裕
2079	はじめての解析学	原岡喜重
2081	今日から使える物理数学 普及版	岸野正剛
2085	今日から使える統計解析 普及版	大村平
2092	いやでも数学が面白くなる	志村史夫
2093	今日から使えるフーリエ変換 普及版	三谷政昭
2098	高校数学でわかる複素関数	竹内淳
2104	トポロジー入門	都築卓司
2107	数学にとって証明とはなにか	瀬山士郎
2110	高次元空間を見る方法	小笠英志
2114	数の概念	高木貞治
2118	道具としての微分方程式 偏微分編	斎藤恭一
2121	離散数学入門	芳沢光雄
2126	数の世界	松岡学
2137	有限の中の無限	西来路文朗／清水健一
2141	今日から使える微積分 普及版	大村平
2147	円周率πの世界	柳谷晃
2153	多角形と多面体	日比孝之
2160	多様体とは何か	小笠英志
2161	なっとくする数学記号	黒木哲徳
2167	三体問題	浅田秀樹
2168	大学入試数学 不朽の名問100	鈴木貫太郎
2171	四角形の七不思議	細矢治夫
2178	数式図鑑	横山明日希
2179	数学とはどんな学問か？	津田一郎
2182	マンガ 一晩でわかる中学数学	端野洋子
2188	世界は「e」でできている	金重明

ブルーバックス　数学関係書 (IV)

2195
統計学が見つけた野球の真理

鳥越規央